创新方法与创新思维

卢尚工　梁成刚　高丽霞　主　编
卢　俊　刘艳春　丁丽娜　副主编
任雁秋　主审

化学工业出版社
·北京·

本书以当前流行的 TRIZ 理论为基础，介绍了这套发明问题解决理论中 40 个发明基本原理和使用方法，以及头脑风暴法等传统的创新思维方法和九屏幕法等 TRIZ 的创新思维方法。本书突出了运用 TRIZ 理论解题的方法和流程，使读者易于上手。

本书可作为高职高专院校学生创新创业指导类课程的教材。

图书在版编目（CIP）数据

创新方法与创新思维 / 卢尚工，梁成刚，高丽霞主编 . —北京：化学工业出版社，2018.9（2019.10 重印）
 ISBN 978-7-122-32690-4

Ⅰ . ①创⋯ Ⅱ . ①卢⋯ ②梁⋯ ③高⋯ Ⅲ . ①创造性思维 – 高等职业教育 – 教材 Ⅳ . ① B804.4

中国版本图书馆 CIP 数据核字（2018）第 159945 号

责任编辑：刘　哲　　　　　　　　　装帧设计：王晓宇
责任校对：宋　夏

出版发行：化学工业出版社（北京市东城区青年湖南街 13 号　邮政编码 100011）
印　　装：中煤（北京）印务有限公司
787mm×1092 mm　1/16　印张 12¾　字数 293 千字　2019 年 10 月北京第 1 版第 2 次印刷

购书咨询：010-64518888　　　　　　　售后服务：010-64518899
网　　址：http://www.cip.com.cn

凡购买本书，如有缺损质量问题，本社销售中心负责调换。

定　　价：32.00 元　　　　　　　　　　　　　　　　　　　版权所有　违者必究

前言
Preface

"惟创新者进，惟创新者强，惟创新者胜。"

"创新是引领发展的第一动力。"

"科技创新，就像撬动地球的杠杆。"

随着我国科学技术的不断发展，综合国力的日益增强，国家已经把创新驱动上升到了国家战略的高度，把创新摆在了国家发展全局的核心位置。我国已经成为依靠科技和创新来推动社会经济发展的国家。科技创新，方法先行。创新方法的应用推广是一项重要而艰巨的任务。为了加快创新方法在全社会的普及，促进创新理论在高校的传播，我们学习并参考了国内众多的创新方法著作，编写了本书，以期抛砖引玉，为创新教育做一份贡献。

本书以当前流行的 TRIZ 理论为基础，介绍了这套发明问题解决理论中40 个发明基本原理和使用方法，以及头脑风暴法等传统的创新思维方法和九屏幕法等 TRIZ 的创新思维方法。本书突出了运用 TRIZ 理论解题的方法和流程，使读者易于上手。

本书由包头轻工职业技术学院卢尚工、梁成刚、高丽霞任主编，任雁秋教授为主审，卢尚工统稿。全书共分八章。梁成刚编写了第 1 章创新与TRIZ，第 2 章发明原理和第 5 章 TRIZ 的解题流程由卢尚工编写，第 3 章创新思维由丁丽娜编写，第 4 章矛盾分析方法由卢俊博士编写，第 6 章物质 – 场分析与标准解由刘艳春编写，第 7 章技术系统进化概述和第 8 章科学效应由高丽霞博士编写。赵洁、曹琳、张晓晖、卢玉峰、刘利平、巩真、班淑珍、刘小兰、王文静、武学宁和刘泽宇等同志参与了教材的部分编写工作。参加本书编写的人员全部具有国家二级以上创新工程师资格，并且长期从事创新方法的教学和研究工作。

由于水平所限，本书的不足之处敬请广大读者批评指正！

编者
2018 年 6 月

目录 Contents

第 1 章 创新与 TRIZ 001

1.1 创新与发明创造 / 001
1.2 TRIZ 概况 / 002

第 2 章 发明原理 005

2.1 发明原理的由来 / 005
2.2 40 个发明原理 / 006
  2.2.1 分割原理 / 006
  2.2.2 抽取原理 / 007
  2.2.3 局部质量原理 / 008
  2.2.4 增加不对称性原理 / 010
  2.2.5 组合原理 / 011
  2.2.6 多用性原理 / 011
  2.2.7 嵌套原理 / 012
  2.2.8 重量补偿原理 / 013
  2.2.9 预先反作用原理 / 014
  2.2.10 预先作用原理 / 015
  2.2.11 预先防范原理 / 015
  2.2.12 等势原理 / 016
  2.2.13 反向作用原理 / 017

2.2.14　曲面化原理 / 018
2.2.15　动态性原理 / 019
2.2.16　未达到或过度作用原理 / 020
2.2.17　空间维数变化原理 / 020
2.2.18　机械振动原理 / 021
2.2.19　周期性作用原理 / 022
2.2.20　有效作用的连续性原理 / 023
2.2.21　减少有害作用时间原理 / 024
2.2.22　变害为利原理 / 024
2.2.23　反馈原理 / 025
2.2.24　借助中介物原理 / 026
2.2.25　自服务原理 / 026
2.2.26　复制原理 / 027
2.2.27　廉价替代品原理 / 028
2.2.28　机械系统替代原理 / 028
2.2.29　气压或液压结构原理 / 029
2.2.30　柔性壳体或薄膜原理 / 029
2.2.31　多孔材料原理 / 031
2.2.32　改变颜色原理 / 031
2.2.33　同质性原理 / 032
2.2.34　抛弃或再生原理 / 033
2.2.35　物理或化学参数变化原理 / 033
2.2.36　相变原理 / 034

2.2.37 热膨胀原理 / 035

2.2.38 加速氧化原理 / 035

2.2.39 惰性环境原理 / 036

2.2.40 复合材料原理 / 037

3.1 **思维定式** · / 038

3.1.1 思维定式的概念 / 038

3.1.2 思维定式的代价 / 040

3.1.3 思维定式常见的表现形式 / 040

3.2 **传统的创新思维方法** · / 047

3.2.1 试错法 / 048

3.2.2 头脑风暴法 / 050

3.2.3 缺点列举法 / 053

3.2.4 和田十二法 / 055

3.3 **TRIZ 的创新思维方法** · / 060

3.3.1 最终理想解 / 061

3.3.2 金鱼法 / 067

3.3.3 九屏幕法 / 070

3.3.4 STC 算子法 / 073

3.3.5 小人法 / 075

第 3 章
创新思维

038

第4章 矛盾分析方法

078

- 4.1 技术矛盾的解决办法 / 078
  - 4.1.1 39个工程技术参数 / 078
  - 4.1.2 技术矛盾的描述 / 081
  - 4.1.3 矛盾矩阵表 / 082
  - 4.1.4 应用技术矛盾解题案例 / 085
  - 4.1.5 技术矛盾解题训练 / 089
- 4.2 物理矛盾的解决办法 / 091
  - 4.2.1 物理矛盾描述 / 091
  - 4.2.2 分离原理 / 093
  - 4.2.3 应用物理矛盾的解题案例 / 095
  - 4.2.4 物理矛盾解题训练 / 104

第5章 TRIZ的解题流程

106

- 5.1 TRIZ的解题流程概述 / 106
- 5.2 问题描述 / 107
- 5.3 问题分析 / 108
  - 5.3.1 组件功能分析 / 108
  - 5.3.2 裁剪 / 109
  - 5.3.3 因果分析 / 110
  - 5.3.4 资源分析 / 112
- 5.4 问题求解与方案评价 / 113

第 6 章 物质-场分析与标准解 114

- 6.1 物质-场分析方法 · / 114
- 6.2 物场模型的种类 · / 116
- 6.3 物质-场分析的一般解法 · / 117
- 6.4 标准解系统 · / 120
- 6.5 物质-场分析的标准解法 · / 129
  - 6.5.1 应用标准解的步骤 / 129
  - 6.5.2 标准解的解题流程图 / 130
  - 6.5.3 标准解应用案例 / 131

第 7 章 技术系统进化概述 133

- 7.1 技术系统进化的S曲线 · / 135
- 7.2 提高系统的八大进化法则 · / 136
  - 7.2.1 完备性法则 / 137
  - 7.2.2 能量传递法则 / 138
  - 7.2.3 提高理想度法则 / 139
  - 7.2.4 动态性进化法则 / 140
  - 7.2.5 子系统不均衡进化法则 / 142

- 7.2.6 向超系统进化法则 / 143
- 7.2.7 向微观级进化法则 / 143
- 7.2.8 协调性法则 / 143
- **7.3 应用技术系统进化法则解题方法**· / 144
- **7.4 应用技术系统进化法则解题案例**· / 144

第8章 科学效应 148

- **8.1 应用科学效应解题方法**· / 148
  - 8.1.1 How to 模型 / 148
  - 8.1.2 科学效应 / 149
- **8.2 应用科学效应解题案例与训练**· / 150

附录 148

- **附录1 39×39 矛盾矩阵表** / 152
- **附录2 30 个 How to 模型与科学效应对照表** / 154
- **附录3 100 条科学效应简介** / 161

参考文献 / 193

第 1 章
创新与 TRIZ

1.1 创新与发明创造

什么是创新？创新的意义是什么？

从社会和国家的角度来说，创新是人类社会发展的基本动力，是一个民族进步的灵魂，是一个国家兴旺发达的不竭源泉。我国把创新驱动发展战略作为国家重大战略，置于国家发展全局的核心位置。树立创新意识，掌握创新方法，提高创新能力，是时代赋予我们的使命。

通俗地讲，创新（innovation）是指创造新鲜事物，并使之能够产生效益。创新存在于社会生活的方方面面，如技术创新、产品创新、制度创新、管理创新、观念创新等。发明创造（invention and creation）是创新活动的主要内容之一。人类的发明创造，促进了科学技术的发展和人类文明的进步，提高了社会生产力，改善了人们的生活。例如电子计算机的发明提高了信息的处理速度，互联网的发明则加速了人类信息的交流，智能手机（图 1-1）将电脑、网络和电话的功能融为一体，成为我们生活不可或缺的一部分，它的发明改变了我们的生活方式。

在漫漫的历史长河中，人们产生了不计其数的发明创造。这些发明创造有的给人类带来了巨大的影响，比如我国古代的四大发明；有的则只是一些小的革新。为

图 1-1 智能手机的功能

了对这些发明创造的水平、获得发明所需要的知识，以及发明创造的难易程度有一个量化的了解，人们把这些发明创造划分为五个等级（表1-1）。

表 1-1 发明创造的等级划分

发明级别	创新程度	知识来源	比例
第一级	对系统简单的改进或仿制	个人的知识和经验	32%
第二级	对系统某一个组件进行了改进，系统功能得到改善	本专业的知识和方法	45%
第三级	对系统的多个组件进行了改进，系统功能得到极大的提升	本学科多专业的知识和方法	18%
第四级	对系统进行了原理性的改进，系统功能得到根本性的提高	多学科的知识和方法	4%
第五级	全新的系统诞生	全新的发现	<1%

第一级发明是级别最低的发明，是对系统简单的改进、仿制或参数的调整，如锯的发明，水杯的发明，用大型拖车代替普通卡车以实现运输成本的降低等。这类发明创造仅凭自己的知识和经验就能够实现，不需要太高的创造性，大约32%的发明创造属于此类。

第二级发明属于小型的发明，是指在解决一个技术问题的时候，对系统某一个组件进行了改进。这类问题的解决，主要采用的是本专业已有的知识和方法。解决这类问题的传统方法是折中法。例如，把自行车设计成可以折叠；把斧头的手柄做成空心便于存放钉子等。这类发明大约占发明总数的45%。

第三级发明是对系统的多个组件进行了改进，改进的过程运用了本专业以外的但仍属于一个学科的知识和方法。例如计算机鼠标、带离合器的电钻等。这类发明大约占发明总数的18%。

第四级发明是采用全新的原理，完成对现有系统基本功能的创新。这类发明通常需要多学科知识的交叉，主要是从科学的角度，而不是从工程技术的角度出发，充分挖掘和利用科学知识、科学原理来实现。例如内燃机代替蒸汽机、集成电路的发明等。这类发明大约占发明总数的4%左右。

第五级发明属于重大发明，这类发明利用最新的科学原理、科学发现，导致一种前所未有的系统的诞生。例如计算机、蒸汽机、激光、晶体管、X光透视技术等。这类发明大约占人类发明总数的1%或更少。

1.2 TRIZ 概况

创新需要方法吗？发明创造有没有方法？

早期的发明创造更多的是依赖于个人的经验、艰辛的劳动以及获得的灵感。发明创造是发明家们不断地尝试着各种可能，在一次又一次的失败中积累经验，并承受着长期的迷茫与困惑，偶然之间"灵光一现"的结果。然而这种"灵光"并不是总能出现，有的人终其一生也没有结果。传说爱迪生在发明电灯泡时，曾经选用了1600多种灯丝材料，进行了6000多次试验才获得成功。难怪有人感叹："发明是偶然顿悟的结果""创新能力是上帝给予少数'聪明人'的礼物"。艰辛的劳动虽然不能阻止发明家们前进的脚步，但是低下的发明效率和极高的创造成本远远不能适应现代社会科学技术的飞速发展。

创新需要科学的方法来指导。

目前共有三百多种创新方法与理论，其中人们公认体系最为完整、最为有效的方法当属 TRIZ。

TRIZ 是"发明问题解决理论"的俄文 теории решения изобретательских задач 的缩写。TRIZ 是由苏联科学家和发明家根里奇·阿奇舒勒（G.S.Altshuller，1926～1998，图 1-2）于 1946 年创立的。阿奇舒勒通过对 250 万份专利进行研究，找到了发明创造所遵循的一些规律，抽象出了一系列解决发明问题的基本方法，这些方法可以普遍地适用于新出现的发明问题，帮助人们快速获得这些发明问题的最有效的解。这些规律和方法构成了 TRIZ 的基础。

图 1-2　根里奇·阿奇舒勒

阿奇舒勒的经典 TRIZ 的理论体系非常庞大，内容十分丰富，从基本理论、基本概念到问题的分析工具、解题工具以及解题的流程等等构成了一个相对完整的系统，如图 1-3 所示。

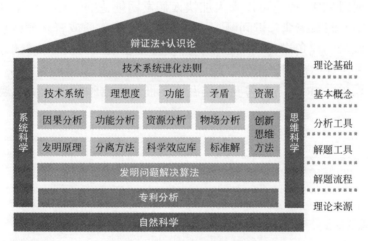

图 1-3　TRIZ 理论的体系框架

从图中可以看出：

① TRIZ 的理论基础是自然科学、系统科学和思维科学；

② TRIZ 的哲学范畴是辩证法和认识论；

③ TRIZ 来源于对海量专利的分析和总结；

④ TRIZ 的理论核心是技术系统进化法则；

⑤ TRIZ 的基本概念包括技术系统、理想度、功能、矛盾和资源等；

⑥ TRIZ 的发明问题分析工具包括因果分析、功能分析、资源分析、物质 - 场分析和创新思维方法；

⑦ TRIZ 的发明问题求解工具包括发明原理、分离方法、科学效应库、标准解系统和创新思维方法；

⑧ TRIZ 的发明问题通用求解算法是发明问题求解算法（ARIZ 算法）。

阿奇舒勒发现，技术系统进化过程不是随机的，而是有客观规律可以遵循的，这种规律在不同领域反复出现。TRIZ 的核心思想是：

① 在解决发明问题的实践中，人们遇到的各种矛盾以及相应的解决方案总是重复出现的；

② 用来彻底而不是折中解决技术矛盾的创新原理与方法，其数量并不多，一般科技人员都可以学习、掌握；

③ 解决本领域技术问题最有效的原理和方法，往往是来自其他领域的科学知识。

利用 TRIZ 可以解决一级到四级的发明问题，对于第五级的发明问题是无法利用 TRIZ 来解决的。TRIZ 来源于发明专利，因此通常人们认为，TRIZ 更擅长于解决技术领域的发明问题。

TRIZ 起源于苏联，在苏联的军事、工业、航空航天等领域被广泛使用，发挥了巨大作用。1985 年以后，随着部分 TRIZ 专家移居到欧美等国，TRIZ 理论在全世界范围内开始传播，并得到了广泛应用，成了现代企业制胜的法宝。我国于 20 世纪 90 年代中后期开始对 TRIZ 进行持续的研究和应用工作。进入 21 世纪，TRIZ 在我国已经逐步得到企业界和科技界的青睐，也受到了国家的高度重视，已经展开了对 TRIZ 大范围的推广与普及活动。

实践证明，利用 TRIZ 理论可以大大加快人们发明创造的进程，获得到高质量的创新产品。它能够帮助人们系统地分析问题，快速发现问题的本质或者矛盾，它能够帮助人们突破思维定式，以新的视角进行系统思维，并使用丰富的工具快速找到解决问题的方法，还能够根据技术进化规律预测未来发展趋势，帮助人们开发富有竞争力的产品。当然，作为一种科学的方法论，TRIZ 仍然需要在实践中不断地丰富和发展，从而焕发出强大的生命力。

第2章 发明原理

2.1 发明原理的由来

一项发明创造的诞生,总是为了解决某个技术问题,满足人们的某种需求。我们在生产或生活中总是会遇到各种各样的技术问题,这些问题是千差万别的。但是我们稍加分析就会发现,某些问题可以归结为一类。例如,宝石沿微小裂纹进行分割、快速去除青椒内部的籽、快速剥掉瓜子的外壳、船用发动机冷却水过滤器的快速清洗等问题,看起来毫不相关,但是我们可以把它们归结为一类问题:如何把两个紧密结合或相互包含的物体快速分离。

阿奇舒勒在分析了大量专利后发现:虽然每个发明所解决的问题是不一样的,但是在解决同一类问题的时候所使用的原理是基本类似的,许多发明所使用的解决方案其实已经在其他的领域中出现并被成功地使用过。在不同的技术领域,类似的问题具有类似的解决方案。例如前面提到的几个问题,都可以采用先在密闭的容器中增加压力,然后突然释放压力,利用瞬间的压力差就可以使物体实现快速分离。如图 2-1 所示。

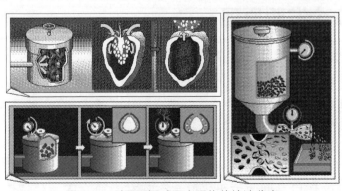

图 2-1 利用瞬间减压实现物体快速分离

根据这一发现，阿奇舒勒把这些发明专利中所使用的方法加以归纳和总结，得到了 40 个最普遍的方法，即所谓的 40 个发明原理（Inventive Principle）（表 2-1）。这些发明原理涉及了物理、化学、几何学和各工程领域，适用于不同领域的发明创造。这些发明原理既可以单独使用，也可以组合使用，在使用范围上也可以应用于管理学等非工程技术领域。掌握了这些原理，能够极大地拓宽我们解决问题的思路，对指导设计人员发明创造具有非常重要的作用。本书将主要从工程技术方面对这 40 个发明原理以及它们的应用逐一进行介绍。

表 2-1 40 个发明原理

编号	发明原理	编号	发明原理
1	分割	21	减少有害作用时间（快速通过）
2	抽取	22	变害为利
3	局部质量	23	反馈
4	增加不对称性	24	借助中介物
5	组合（合并）	25	自服务
6	多用性	26	复制
7	嵌套	27	廉价替代品
8	重量补偿	28	机械系统替代
9	预先反作用	29	气压或液压结构
10	预先作用	30	柔性壳体或薄膜
11	预先防范	31	多孔材料
12	等势	32	改变颜色
13	反向作用	33	同质性
14	曲率增加（曲面化）	34	抛弃或再生
15	动态性	35	物理或化学参数变化
16	未达到或过度作用	36	相变
17	空间维数变化（一维变多维）	37	热膨胀
18	机械振动	38	加速氧化
19	周期性作用	39	惰性（真空）环境
20	有效（益）作用的连续性	40	复合材料

2.2 40 个发明原理

2.2.1 分割原理

为了解决技术上的矛盾或实现某个新的功能，常将一个系统分割成独立或关联的多个部分，这就是分割（Segmentation）原理。这种分割既可以是实体上的，也可以是虚拟的分割。随着分割程度的提高，系统将向微观级别发展。

分割原理的具体内容有三点。

（1）将一个系统分成相互独立的部分

例如，垃圾箱的作用是回收垃圾，但我们现在需要对回收的垃圾进行分类，一个比较简单的办法就是将垃圾箱分成几个相对独立的部分，每一部分存放不同类型的垃圾（图 2-2）。再例如把冰箱分成冷冻室和冷藏室，里面的空间又通过抽屉分割成更小的空间，以便在不同的温度下分类存放食品。

（2）将一个系统分成容易组装和拆卸的部分

例如组合家具（图 2-3）和活动板房，它们的优点是形式灵活多样，维护、搬运方便。机械制造和软件设计中的模块化也是利用这一思想。

（3）增加系统的分割程度

例如窗帘由一整幅演变成百叶窗式（图 2-4），可以方便地对光线进行调节；直尺变成折尺便于携带等。随着分割程度的提高，物体的柔性、可移动性和可控性都将随之提高。

图 2-2　可分类回收的垃圾箱

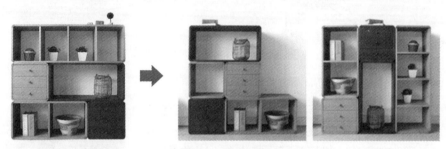

图 2-3　组合家具

应用练习

钢筋混凝土梁（图 2-5）广泛用于民用和工业建筑，往往是在工厂造好以后才运送到工地。过宽的单段工字型钢筋混凝土梁在公路上运输时需要专用的运输车辆。在许多情况下（尤其是路面狭窄或山区），预制混凝土梁的运输都是个大问题。有什么办法能够使混凝土梁顺利运达现场呢？

图 2-4　百叶窗式窗帘

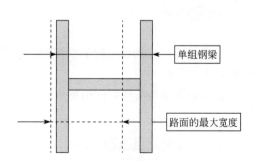

图 2-5　预制钢筋混凝土梁

2.2.2　抽取原理

抽取（Taking Out）原理是指通过虚拟或实物的方式，从一个系统中将有害部分（或有用部分）抽取出来，这样可以简化或得到更好的产品，以增加系统的价值。谷物去壳、工业提纯、矿石冶炼、石油精制、通信去噪、择优选拔等，都是抽取原理的具体应用。

抽取原理的具体内容有两点。

（1）从系统中抽出产生负面影响的部分或者属性

例如，用 X 射线做胸腔检查时，为防止病人过多地接触 X 射线，使用一个特殊设计的铅屏，让 X 射线只能照射在必需的部位（图 2-6）。再例如，雷电对高大建筑物可能造成破坏，利用避雷针，把雷电中的电流引入大地，从而避免了建筑物遭受雷击。

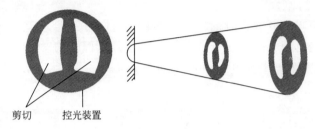

图 2-6　应用抽取原理的铅屏

（2）仅从系统中抽出必要的部分或属性

有时一个系统当中仅有一部分或某个属性对我们有用，那么我们就仅把这部分抽取出来加以利用。例如飞鸟一旦撞上飞机会导致严重的事故。机场为了驱赶飞鸟，通常采用猫头鹰恐吓的办法。飞鸟惧怕的是猫头鹰的外表和声音，因此我们把猫头鹰的外表和声音抽取出来，做成假猫头鹰，同时播放猫头鹰叫声的录音，可以起到良好的效果（图 2-7）。

再例如，智能手机强大的功能对于老人来说许多是用不上的，那么把最常用的通话功能抽取出来，把其他功能去掉，做成老人手机，既便于操作，又降低了成本；战斗机在进入战斗状态的时候将副油箱抛弃等。

图 2-7　机场的假猫头鹰

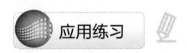 应用练习

1. 一般的电气控制柜中都有变压器，变压器散发的热量影响电气元件的工作。用什么办法能够解决这个问题？

2. 请列举生活与工作中使用抽取原理的更多实例。

2.2.3　局部质量原理

一个系统如果要想发挥出最大的功效，那么它的每一个部分都应当处于各自的最佳工作状态，并且相互之间资源配置是最合理的。一个完全均匀的系统未必是最佳的。正如一个团队，都是领导或都是职员是不行的，只有领导和职员各司其职，配合融洽，才能发挥最大的作用。局部质量（Local Quality）原理就是要改变系统局部的特性，以便获得或提高某种所需的功能特性。

局部质量原理的具体内容如下。

（1）将物体（或外部环境、外部作用）由均匀结构变为不均匀结构

例如，好钢用在刀刃上。一把钢刀在刀刃部分采用耐磨的钢材，其他部分则用普通钢材；钢刀的背部做得厚实一些，以便在劈砍的过程中获得较大的力量，在刀刃部分做得薄一些以使刀刃锋利。

（2）使物体的不同部分具有不同的功能

例如，把锤子的一端做成起钉器；在指甲剪子的另一面做成打磨指甲的小锉；一端带有橡皮的铅笔等。在功能的选择上通常是相关联的，有的甚至是相反的。比如锤子的功能都与钉子有关，一面是往里敲钉子，另一面是往出拔钉子（图2-8）；铅笔的功能都和写字有关，一头是往纸上写字，另一头是把字擦掉。

图2-8　锤子的不同部分具有不同的功能

（3）使物体的各部分处于完成其功能的最佳状态

例如前面所举钢刀的例子，如果从功能的角度去看，它的设计是使其各部分处于完成功能的最佳状态；再例如超声波钻孔机的核心部分用导热材料，以满足在钻孔时能够充分散热、降低钻孔机温度的需要，其外围部分用耐磨材料，以适应钻孔时需要的最大摩擦力（图2-9）。

一台差压式流量计（图2-10），当流体经导管流过流量计时，流量计出入口的压力差随流量的变化而变化。当管道内的流速较低时，出入口间的压差较小。如果压差下降到某个临界值时，测定的准确度就会大大降低。怎样才能提高流量计的测量精度呢？

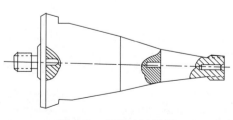

图2-9　超声波钻孔机

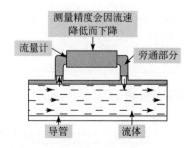

图2-10　结构均匀的差压式流量计

2.2.4 增加不对称性原理

对称的物体给人以一种均衡的、稳定的美感,但是在其资源配置和功能发挥方面却不一定最佳。利用不对称的结构可以对系统进行优化。

增加不对称性(Asymmetry)原理的具体内容有两个:

① 将对称物体变为不对称的;

② 增加不对称物体的不对称程度。

例如,不对称花纹轮胎(图2-11)在胎面两侧是不同的花纹。外侧胎面通常有大量的沟槽以便排水增加湿地操控力,而内侧胎面通常沟槽较少以增加抓地力,不对称花纹轮胎在转弯性能上优于对称花纹轮胎。

数据线接口(图2-12)设计成不对称形状,可以防止插反。

图2-11　不对称花纹轮胎　　　　　图2-12　不对称的数据线接口

凸轮利用形状的不对称性可以将旋转运动转变成直线往复运动(图2-13);不对称的梳子增加了梳子的功能(图2-14);不倒翁利用重心的不对称性可以保持平衡等。

图2-13　凸轮传动机构　　　　　　图2-14　不对称的梳子

物体的不对称可以是形状的不对称、功能的不对称、质量的不对称、受力的不对称等。增加不对称性必须要保证系统的协调性。

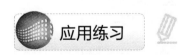

1. 请思考漏斗出口为什么设计成不对称的斜面?
2. 在日常生活中还有哪些不对称的例子?它们的作用是什么?

2.2.5 组合原理

组合（Combining）原理是把相关的功能、特性、部分、操作等集成在一起，实现功能多样、节约资源、降低成本的目的，从而提升系统的整体性能。组合原理是发明创造中使用最多的原理之一，其内容具体如下：

① 在空间上，将同类的物体进行合并；

② 在时间上，将同类的操作进行合并。

例如，最早的电话机话筒、耳机和拨号盘是分开的，后来的电话机把话筒和耳机组合到了同一个手柄上，手机把三者都组合到了一起，同时还集成了诸如拍照、录音等更多的功能。我们可以看出，通过组合，电话的功能越来越多，体积越来越小，使用越来越方便，电话的整体性能得到了提升（图 2-15）。

图 2-15　电话的演变

再例如，集成电路板上的多个电子芯片、电脑的双 CPU 设计等，都是利用了组合原理中空间上的组合。冷热水龙头（图 2-16）的设计则是利用了组合原理中时间上的组合。

 应用练习

一个工厂接到一个大订单，需要生产大量椭圆形的玻璃板。首先，工人们将玻璃板切成长方形，然后将四角磨成弧形，从而形成椭圆形。然而，在磨削工序中出现了大量的破碎现象，因为薄玻璃受力时很容易断裂，而用户又不允许将玻璃板加厚。该怎么办呢？

图 2-16　冷热水龙头

2.2.6 多用性原理

多用性（Universality）原理是使一个物体具备多项功能，消除了该功能在其他物体内存在的必要性后，就可以将其他物体进行裁剪。多用性原理的核心思想是通过一个物体能实现多种功能来去掉其他部件，从而达到节省资源和降低成本的目的。

例如，智能手机、瑞士军刀、打印复印扫描一体机、带测量心率的多功能手表等，都是利用多用性原理发明的产品。图 2-17 ～图 2-19 是几款创新产品。

图 2-17　熨衣板与镜子、门与乒乓球桌的完美组合

图 2-18　数码瑞士军刀

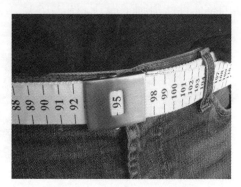

图 2-19　能测量腰围的腰带

请思考如何运用多用性原理对一只水杯或一把牙刷进行创新设计。

2.2.7　嵌套原理

当空间十分有限的时候，为了节省空间，常把一个物体放置于另一个物体中，这就是嵌套（Nesting）原理。嵌套原理的具体内容如下。

① 把一个物体嵌入第二个物体，然后将这两个物体再嵌入第三个物体，以此类推。这个原理有人也称为"套娃原理"，就像俄罗斯套娃（图 2-20）一样一个套着一个。

图 2-20　俄罗斯套娃和嵌套在一起的碗

② 让一个物体穿过另一个物体的空腔。例如：收音机的伸缩天线、照相机的伸缩镜头、皮箱的拉杆、汽车起重机的伸缩起重臂、推拉门（图 2-21）、嵌套座椅（图 2-22）等。

图 2-21　推拉门

图 2-22　嵌套座椅

  应用练习

一个科幻故事里描述了一次火星探险。宇宙飞船降落在一个石头山谷，宇航员乘坐一辆火星车开始火星之旅。这个特型火星车（图 2-23）有巨大的轮胎，当行驶到陡坡时，很容易在石头的颠簸下翻车。怎么办？

这个问题刊登在一本杂志上，收到了大量的读者来信，提供解决办法：在火星车的下面悬挂重物，降低整车的重心，增加稳定性；将轮胎的气放出一半，轮胎下陷，增加稳定性；在火星车的两边分别多安装一只轮胎；让宇航员探出身体来保持车子的平衡等。上面的各种建议，确实能改善火星车的稳定性，但明显都带来另一些问题，比如，降低了火星车的运动性能，降低了车速，让火星车变得更复杂，增加宇航员的危险性等。有没有更好的方法呢？

图 2-23　火星车

2.2.8　重量补偿原理

重量补偿（Anti-weight）原理是指给物体一个向上的力来减弱或消除重力的影响。有的学者将该原理引申为以一种对抗或平衡的方式，来减弱或消除某种不利作用，以增强系统的功能。重量补偿原理的具体内容如下。

① 将一个物体与另一个能提供升力的物体组合，以补偿其重量。例如，用氢气球向上的升力将条幅提起；利用游泳圈的浮力使人不沉入水底；在圆木中注入发泡剂使其更好地飘浮等（图 2-24）。

图 2-24　借助氢气球和游泳圈的浮力进行重量补偿

② 通过与环境（利用空气动力、流体动力或其他力等）的相互作用，实现对物体的重量补偿。例如，飞机机翼的形状使其在高速前行的时候，上部空气压力减少，下部压力增加，以产生向上升力（图 2-25）；直升机也是利用旋翼不断旋转，与空气相互作用，在桨叶上产生一个向上的拉力；运动中的磁悬浮列车利用磁场力使其悬浮等。

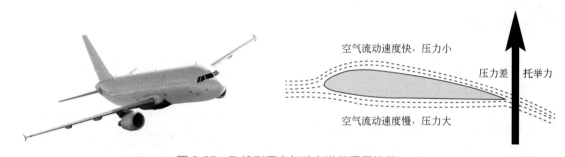

图 2-25　飞机利用空气动力进行重量补偿

在化工生产中常使用填料塔。有的填料是陶瓷做成的环，称为填料环。在往塔中充填陶瓷填料环（图 2-26）时，因为投入的撞击力大，非常容易破损。采用什么办法可以降低填料环充填时的破损率呢？

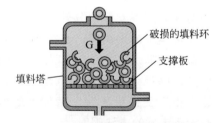

图 2-26　往填料塔中充填陶瓷填料环

2.2.9　预先反作用原理

预先反作用（Preliminary Anti-action）原理，是指根据系统可能出现的有害作用，预先通过相反的作用来加以控制或防止问题的出现。预先反作用原理的具体内容如下。

（1）预先施加反作用力，以抵消工作状态下不期望的过大应力

例如，钢筋混凝土构件受拉会产生裂缝，为了使其在拉伸状态下很好地工作，预先将钢筋混凝土压缩，形成预应力钢筋混凝土。

（2）如果问题定义中需要某种相互作用，那么事先施加反作用

例如，电子束焊接过程中，由于会导致焊缝附近金属喷溅和膨胀，在焊缝表面上形成凹槽，降低了焊缝的厚度和强度。解决的办法是预先增加待焊接区域处金属的厚度（图 2-27）。

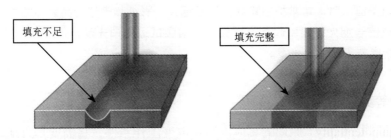

图 2-27　采用预先反作用消除电子束焊接的缺陷

2.2.10　预先作用原理

预先作用（Preliminary Action）原理是为了提高系统的工作效率，易于操作，提前完成必要的准备工作。正像厨师在做菜之前，总是要预先对食材进行清洗、加工等处理，同时还要把所需的辅料和调味品事先准备齐全，以方便使用。预先作用原理的具体内容如下：

① 事先对物体的全部或部分实施必要的改变；

② 事先把物体放在最方便的位置，以便能立即投入使用。

例如，为了便于粘贴，预先将塑料带刷上胶水，制成卷状的"胶带纸"，使用时随扯随用，十分方便；邮票为了便于互相撕开，在邮票的边缘处打上小孔（图 2-28）；铸模的时候，为了防止成型的铸件与模具难以分离，预先在模具内部喷涂脱模剂；建筑工程中，钢筋混凝土的预制构件在制作时事先埋入预埋钢板、预埋螺栓，以方便在上面进行连接等。

图 2-28　邮票上的齿孔

2.2.11　预先防范原理

预先防范（Beforehand Cushioning）原理是为了提高系统的安全性和可靠性，提前准备的应急措施。一个产品的安全性和可靠性是十分重要的，对于已经预见的安全隐患，必须进行预先防范。

预先防范原理的具体内容：事先准备好应急措施，提高系统的可靠性。例如，汽车的安全气囊；建筑物里的消火栓和灭火器等消防器材；走廊里的应急灯；电脑的备用电源；机器设备的备品、备件等。

需要说明的是，预先反作用原理、预先作用原理和预先防范原理，都是为了提高系统的性能，都是在系统开始工作之前进行。预先反作用是把系统的隐患从根本上消除，预先防范

是针对可能出现的隐患提前做好应对措施，预先作用是把系统工作前的准备工作做到最优。

 应用练习

西方国家过圣诞节时，常常把由蜡烛、信号烟火、彩纸和类似物品装饰的圣诞树放在家中，但是点燃蜡烛或信号烟火可能引起圣诞树失火。请尝试运用预先反作用原理、预先作用原理和预先防范原理给出若干个解决方案。

2.2.12 等势原理

等势（Equipotentiality）原理的具体内容：改变工作条件，将需要垂直迁移的物体改变成其他方式迁移，同样可以完成位置的变化，但却可以更方便、更省力，减少对物体的提升或下降的需要。

例如，汽车修理厂的工人在检修汽车底部的时候，需要利用昂贵的升降设备将汽车举起，如果在地槽内进行检修，就可以省去升降设备；再例如，使用家用健康秤称量体重时，如果不小心踩偏，就会站立不稳，发生倾斜，如果将秤嵌进浴室的地板，与地面同为一个平面，成为"地砖秤"（图 2-29），当你踩在上面时，就不用再感到害怕了；又例如，运送大型预制混凝土管的卡车不必吊起管子，而是用带轮子的"车臂"穿过管子，使管子在稍离地面的情况下进行运送（图 2-30）。

图 2-29　嵌入地砖的秤

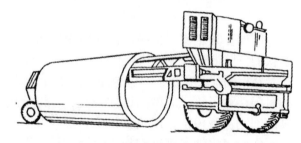
图 2-30　预制混凝土管运输车

等势原理的使用要点是，避免直接"对抗重力"，可以通过工作条件的巧妙改变，以最低的附加能量消耗来有效地消除不等势。

 应用练习

中心广场有一座古塔，似乎在逐渐下沉。名胜古迹保护委员会前来测量研究这个古塔的下沉问题。测量的第一步是要选择一个高度不变的水平基准，并且在塔上可以看到这个基准以便进行比较测量。但很可能广场周围建筑也在一起下沉，所以需要寻找一个远离古塔的基准，最后他们选择了 1500 英尺（1 英尺 = 0.0254 米）以外的一个公园的墙壁，但古塔和公园的墙壁之间被高层建筑物遮挡住了，无法直接进行测量。该怎么办呢？

2.2.13 反向作用原理

反向作用（Inversion）原理是试图利用一种相反的作用来解决问题，即"正的不行反过来试试"，它是一条基于逆向思维的创新原理，通过反向作用，有时会收到意想不到的效果。反向作用原理的具体内容如下。

（1）用相反的动作代替问题定义中所规定的动作

例如，为了分离两个套在一起的物体，通常是加热外层物体使其膨胀，反过来采用冷却内层物体使其收缩，同样可以实现分离；为了让过滤液体快速通过过滤层，可采用在过滤层底部抽真空的"抽滤"方式，也可以采用在过滤层的顶部加压的"压滤"方式等。

（2）让物体或环境可动的部分不动，不动的部分可动

例如，人们通过楼梯上楼，通常是楼梯不动人在动，滚梯的设计则是梯子在动而人不动；运动员在训练跑步、游泳、攀岩的时候，如果受到场地的限制只能在较小的空间进行训练，可以采用跑步机（图2-31）、游泳机和攀岩机（图2-32）等设备，运动员相对位置没有发生变化，而是这些模拟装置的活动部分发生了位移。

图 2-31　跑步机

图 2-32　游泳机和攀岩机

（3）使物体上下或内外颠倒

例如，观赏海底的游艇，与一般的游艇是上下颠倒的（图2-33）。再例如，上下颠倒的房屋（图2-34）和悬挂式列车。

图 2-33　普通游艇和海底观赏游艇

图 2-34　颠倒的房屋

应用练习

在一次生日宴会上，一个客人带来了一种果汁巧克力糖，巧克力的中心是液态的果汁，大家都非常喜欢。有位客人好奇地问道："我很纳闷这种果汁巧克力的果汁是怎么装进去的？""先做好巧克力，然后往里面灌上果汁，再封口。"有人猜测道。"但果汁很稠，不容易灌进巧克力中。通过加热是可以让果汁稀些以便灌入，却会熔化巧克力。"那么果汁是怎样放入巧克力中的呢？

2.2.14　曲面化原理

曲面化（Spheroidality）原理的思想是将线性的变为非线性的曲线、曲面、螺旋等，然后再评价可以实现哪些新的功能。曲面化只是我们尝试的一种思路，比如，圆的物体运动性好，方的物体稳固性好，到底采用哪种方式，要根据需要来决定。曲面化的使用可能会产生一些有利的特性或效率的提高、空间的节省等，有待于我们去评价。曲面化原理的具体内容如下。

（1）用曲线代替直线，用球面代替平面，用球体代替立方体

例如，在结构设计中，用圆角代替直角过渡，以免应力集中；在建筑上，使用弧形、拱形代替直线形，以增加建筑的结构强度；将原本直线的电话线，以圆盘方式旋转收纳于盒中，以节省空间；有一款携带型打印机（图 2-35）呈环状，环形打印设计结构更加紧凑，大大地节省了空间，便于携带。

 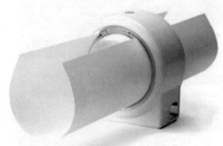

图 2-35　携带型打印机

（2）采用滚筒、球体、螺旋体结构

例如，转椅底部安装球形的轮子，以便移动；圆珠笔和钢笔的球形笔尖使书写流畅；螺旋形的楼梯（图2-36）和螺旋形的停车场都是为了节省空间。

（3）利用离心力，用旋转运动代替直线运动

例如，洗衣机通过高速旋转的滚筒产生离心力，来去除衣服上的水分；绞肉机利用螺旋来向前输送，利用刀片的圆周运动来切割肉类；离心泵利用叶轮的圆周运动产生离心力来输送流体等。

图2-36　螺旋形楼梯

应用练习

带式输送机（图2-37）的皮带用得久了会在输送侧造成磨损，怎样才能延长皮带的使用寿命呢？请用曲面化原理给出解决方案。

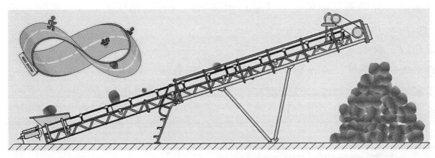

图2-37　带式输送机

2.2.15　动态性原理

动态性原理（Dynamics）的核心思想在于将系统柔性化，增加可移动性和自适应性。其具体内容如下。

（1）调整物体的性质或外部环境，使其在工作的各个阶段都达到最佳效果

例如，可以调整高度的座椅；可调整角度的反光镜；可调整直径的电焊条；可以调节亮度的台灯；可以调节温度的电加热器等。这个调整可以是人为调整，也可以是自动调整，后者的自适应能力将更高。除了物体的几何、机械特性动态化以外，物体的其他性质，如亮度、温度等，也可以由静态变为动态，以达到最佳的工作效果。物体由静止变为可动，其功能上也可能发生变化。例如护窗栏通常是为了安全起见，防止外人从窗户进入室内，但在火灾的时候也给居民的逃生带来不便，把护栏的一部分做成活动的，紧急时拆下来可作为逃生的梯子使用（图2-38）。

图2-38　可逃生的护窗栏

（2）将一物体分成能够改变相对位置的不同部分

例如，笔记本电脑分成显示器和主机两部分，中间靠转轴连接；折叠椅也是这个道理；通过液压缸筒，将卡车分成前后能相对改变位置的两个部分，以便能适应在崎岖的路面上行走（图2-39）。

（3）将不活动的物体变为活动的，增加其可动性

例如，可弯曲的饮料吸管；用于检查发动机的柔性孔窥视仪；医学检查中使用的胃镜和肠镜等。

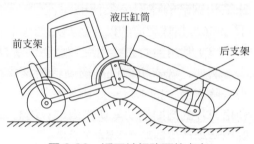

图2-39 适于崎岖路面的卡车

 应用练习

请说出下列产品所使用动态性原理的哪一条。

① 桌子太高，我们通常采用的方法是利用等势原理升高椅子的高度。美国一家公司开发出一款能够根据身高自动调整高度的桌子。
② 机翼可以折叠的飞机。
③ 将帽子做成折叠式，在运输之前将帽子碟状折叠。
④ 利用形状记忆合金制成的随温度变化可自行伸缩的感温弹簧。
⑤ 在室内使用的模拟攀岩训练机。

2.2.16 未达到或过度作用原理

当系统难于获得最佳值时，我们可以先从最容易掌握的情况或最容易获得的东西入手，尝试在"多于"或"少于"之间渐进调整。未达到或过度作用（Partial or Excessive Actions）原理具体内容：如果所期望的效果难以百分之百实现，稍微超过或稍微小于期望效果，会使问题大大简化。

例如，在印刷的时候，稍微多喷一些油墨，再除去多余部分，会使字迹更加清晰；填地板砖缝隙的时候，要想刚刚填满填平，非常困难，我们可以多填一些，然后通过打磨，来达到平整光滑；缸筒外壁刷漆时，可将缸筒浸泡在盛漆的容器中完成，但取出缸筒后外壁粘漆太多，通过快速旋转可以甩掉多余的漆；测量血压时，先向气袋中充入较多的空气，然后慢慢排出；在人工降雨的过程中，为了减少化学试剂的使用，仅向部分云彩发射试剂即可；用车床加工零件时，通常对一个零件的毛坯先进行粗车，然后再进行精车，最终达到所要求的公差范围；"傻瓜"照相机同专业照相机相比，性能上有所不足，但由于使用方便，成本较低，最终受到人们的青睐。

2.2.17 空间维数变化原理

在创新过程中，空间也是一种宝贵的资源，利用空间维数变化（Another Dimension）原理能够提高空间的利用效率。空间维数变化原理具体内容如下。

(1) 把物体的运动、布局空间由一维变为二维，或由二维变为三维

例如，螺旋形楼梯比直线型的楼梯更节省空间（图 2-36）；立交桥设计（图 2-40）也是为了充分利用空间，缓减交通压力；射出的子弹由最初的直线运动改为螺旋运动，以提高稳定性等。

(2) 单层排列的物体变为多层排列

例如，楼房代替平房；立体化仓储；多层车库（图 2-41）；多碟 CD 机等。

(3) 将物体倾斜或侧向放置

例如，自动装卸车。

(4) 利用物体给定面的背面

例如，门票的背面用来印刷广告；两面穿的衣服；双面印刷电路板；双面胶等。

(5) 利用照射到邻近表面或物体背面的光线

例如，在树下放置反光镜，提高对太阳光的利用，增加树的光合作用。

图 2-40　立交桥

图 2-41　多层停车场

 应用练习

阅读下面的材料，想一想，在日常生活中还有哪些应用到空间维数变化的例子？

对很多人来说，学骑自行车可能是件令人兴奋却又令人烦恼的事，因为经常会摔倒，尤其是儿童学骑自行车时可能会产生危险。现在，人们将不再有这种顾虑了。美国帕杜大学的工业设计师利用维数变化原理，发明出了一种"变身自行车"（图 2-42），当骑车者加速时，它的两个后轮会靠得越来越近，而减速或停车时，两个后轮又会分开，骑车者根本不用担心车子会侧翻。

图 2-42　变身自行车

2.2.18　机械振动原理

稳定的系统不一定最佳，尝试采用不稳定的、变化但可控的系统，可以产生许多新的

特性，例如当电流由直流转变为交流时，可以产生磁场、电磁波、电磁感应等。机械振动（Mechanical Vibration）原理就是利用物体的振动所产生的一些特性来解决问题。其具体内容如下。

（1）使物体处于振动状态

例如，往复式的电动剃须刀；乐器振动发出声音；筛分或干燥用的振动筛；混凝土浇筑后为了使混凝土密实结合，使用振动棒振捣等。

（2）如果已处于振动状态的物体，提高其振动的频率直至超声振动

超声波可以产生很多奇妙的作用。例如，超声波洗衣机（图2-43）、清洗机；超声波探伤仪；超声波碎石机；超声波驱鸟器；超声波测距仪等，超声波还能进行焊接、钻孔、医学检查、灭菌、乳化等功能。

（3）利用共振现象

例如，超声波碎石就是利用超声波的共振来破碎人体内的结石；微波炉加热食品时产生的微波和食物中的水分子发生共振，从而使食物的温度升高；收音机也是利用电台的无线电波和收音机的谐振信号共振的结果；在医学中，人们利用核磁共振来进行影像学检查等。

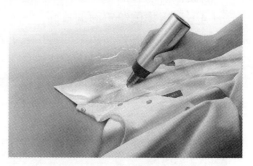

图2-43　超声波洗衣机

（4）利用压电振动代替机械振动

利用电的方式产生振动。例如，利用石英晶体振荡代替机械振荡的石英表。

（5）利用超声波振动和电磁场耦合

例如，在高频炉里搅拌合金，使其混合均匀；在手术中采用超声波接骨等。

化工厂车间里，一种强腐蚀性的液体装在一个巨大的容器中，生产时，让液体从容器流向反应器，但进入反应器的液体量需要进行精确的控制。

"我们尝试使用了各种玻璃或金属制作的仪表，"车间主任对厂长说，"但它们很快就被液体给腐蚀了。""如果不测量流量，只测量液体高度的变化怎么样？"厂长问。"容器很大，高度变化很微小，"车间主任说，"我们无法得到准确的结果，而且容器接近天花板，操作上很不方便。"该怎么办呢？

提示：空气的共振频率与空气量有关。

2.2.19　周期性作用原理

周期性作用（Periodic Action）原理是指尝试改变连续作用的规律，取而代之以间歇的作用，从而寻求产生新的功能、强化某项功能或提高效率。从表面上看，将连续作用改为间歇作用，其工作效率降低，但由于新的结果的产生或某项功能的强化，我们依然可以采用周期性作用原理。利用间歇执行额外的作用，也会提高工作效率，例如短暂的休息是为了更好地工作。周期性作用原理内容如下。

（1）用周期性的动作或脉冲代替连续的动作

例如，警车的警笛做周期性的鸣叫，警灯做周期性的闪烁，用以给人警示（图 2-44）；冲击钻依靠旋转和冲击来工作，单一的冲击是非常轻微的，但高频率的冲击可产生连续的力；汽车的 ABS 防抱死系统工作时，是"刹车—松开"的周期性循环过程，避免紧急制动时因车轮抱死产生侧滑现象。

图 2-44 警车的警笛和警灯

（2）如果动作已经是周期性的，则改变其频率

例如，改变调频收音机的谐振频率来收听不同的电台节目。机械、电气的周期性改变频率，也可能产生共振而加以利用。

（3）利用脉动之间的停顿来执行额外的动作

例如，医用心肺呼吸系统中，每 5 次胸腔压缩后进行 1 次心肺呼吸，如此周期性地交替进行。

 应用练习

请思考更多的利用周期性原理的实例。

2.2.20 有效作用的连续性原理

有效作用的连续性（Continuity of Useful Action）原理的核心思想，是消除无效时间或动作以提高效率。任何"从零开始"的或使工作流中断的"过渡过程"，都有可能损害到系统的效率，因此必须予以消除。这个原理与周期性作用原理并不违背，后者的间歇时间或动作也是有效的。有效作用的连续性原理的具体内容如下。

（1）物体的所有部分应该持续处于满载工作状态

例如，汽车遇到红绿灯停车时，它的飞轮或液压系统储存能量，这种功能使发动机持续处于一个优化的工作状态。再例如，多冲程内燃机的某个活塞在做功的时候，其他部分同时在做着吸气或排气动作等。

（2）消除空闲和间歇性的动作

例如，打印机的打印头在回程过程中也执行打印动作；二极管整流电路由半波整流改为桥式全波整流（图 2-45），使交流电在反方向变化的时候也能够正向输出；双向打气筒在将打气手柄压下和提起的时候，都能够对轮胎进行充气。

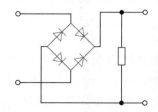  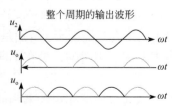

图 2-45 由半波整流变为全波整流

（3）用"旋转"的动作代替"往复"的动作

例如，用卷笔刀削铅笔比用小刀快；用旋转门代替平开门；用离心泵代替往复泵；用砂轮代替磨刀石；用油漆滚子代替板刷等。

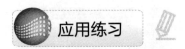

请思考更多的有效作用的连续性的实例，并尝试对黑板擦进行改进。

2.2.21 减少有害作用时间原理

减少有害作用时间原理又称快速通过（Rushing Through）原理。系统工作时的有害动作如果不能被消除，那么就用最短的时间完成。其内容为在高速下进行危险或有害的流程或步骤。

例如，修理牙齿的钻头高速旋转，快速完成钻牙，以防止牙组织升温受损；为避免塑料管受热变形，采用高速切割塑料管（图2-46）；照相机使用闪光灯时，闪光灯高速闪烁，以避免给人的眼睛造成伤害。再例如，胸部X光透视改为胸片拍照，人体接受的辐射剂量将减少几十倍；超高温瞬时杀菌（UHT）能在很短时间内有效地杀死微生物，并较好地保持食品应有的品质。

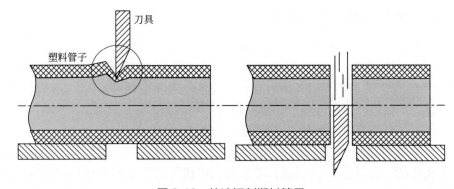

图2-46　快速切割塑料管子

2.2.22 变害为利原理

把系统或环境中的有害因素，通过改变条件使之变得对当前系统或其他系统有益，如果不能改变，设法将其消除。日常生活中的"修旧利废、变废为宝"就是变害为利（Convert Harm into Benifit）原理的例子。该原理的具体内容如下。

（1）利用有害的因素（特别是环境中的）获得有益的结果

有害无害是相对的，是在不同条件下的不同结果，改变条件可以变害为利。例如，垃圾发电；噪声武器；炉渣砖。再例如，电动机运转时产生的热量和发出的声音是不利的，但我们可以通过温度和声音来判断电动机的故障；致病病毒对人体是有害的，但是利用病毒灭活以后制成预防接种用的疫苗对人体是有利的等。

（2）将两个有害的因素相结合，从而消除它们

如果系统有一个有害的因素我们无法避免，那么可以引入另外一个有害的因素与它相结合，达到消除有害作用或者降低有害作用的目的。例如，中医的以毒攻毒疗法；热力发电厂生产时产生的碱性废水与酸性气体都对环境造成污染，可用碱性废水吸收和中和酸性气体以达到环保要求（图2-47）。

（3）增加有害因素到一定的程度，使之不再有害

所谓"物极必反，否极泰来"，有害过了头就可能变成无害甚至有利。例如，森林着火后，在其外围放火，利用林火燃烧产生的内吸力，使所放的火向林火方向烧去，把林火向外蔓延的火路烧断，以达到灭火的目的。

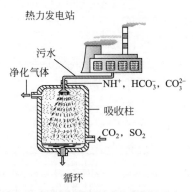

图2-47 用碱性废水中和酸性气体

 应用练习

渥伦哥尔船长要从加拿大乘雪橇前往阿拉斯加，一个叫"倒霉蛋"的团伙给他买了一只"鹿"和一条"狗"，但他实际收到的不是鹿和狗，所谓的"鹿"实际是牛，"狗"是狼。渥伦哥尔船长并没有被难住，他变害为利，巧妙地利用牛和狼之间的矛盾关系，顺利完成了旅行任务。他是怎么做的呢？

2.2.23 反馈原理

反馈（Feedback）是把系统的输出（也可以是系统、环境有益或有害的变化）作为信息输入到系统中，以便调整系统的动作，增强系统对输出的控制。反馈是系统实现自我控制的前提条件，反馈的信息应当根据所控制的对象来确定。反馈原理的具体内容如下：

① 在系统中引入反馈；
② 如果已经有反馈，那么改变它的大小或作用。

例如，现代的自动控制系统中，闭环控制是最常使用的，闭环控制的特点就是具有反馈（图2-48）。再例如，汽车加油时，油枪喷嘴能够感测压力的变化，决定油箱灌满的程度。这个反馈来自油箱与加油管形状改变所产生的压力变化，以决定何时停止加油；音乐喷泉根据音乐（对喷泉来说音乐属于外部环境）的变化"翩翩起舞"。

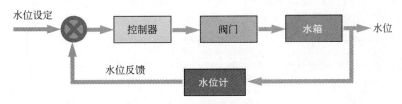

图2-48 水位自动控制系统

2.2.24 借助中介物原理

中介物（Mediator）原理是指在不相容的部分、功能、事件或状况之间经协调而建立的一种临时连接（即中介物），它是某种可以轻松去除的中间载体、分隔物或过程。中介物原理的具体内容如下。

（1）使用中介物实现所需动作

直接难以完成的工作，使用中介物会变得容易完成。人类制造的各种工具就是形形色色的中介物，人们借此进行劳动和生产。例如，直接用手端滚烫的饭菜容易把手烫伤，使用托盘就可以轻松完成；使用机器人去完成放射性物质的操作等危险的工作；借助放大镜或显微镜看清楚微小的东西等。

（2）把一物体与另一容易去除的物体暂时结合

如果借助的中介物必须与系统结合在一起，那么在完成工作后中介物应当容易去除。例如，石油开采中采出的原油为"油水交融"的乳剂，有很高的稳定性，普通方法很难分离。在原油中加无机盐，盐溶于水后形成盐溶液，其密度大大超过原油的密度，最后，无机盐与水沉在下面，一起从原油中被清除。再如，仪器仪表、电气设备、药品、食品、纺织品受潮后会变质或锈蚀，使用干燥剂可以有效地去湿防潮，干燥剂失效后能够轻易地除去。还有一个有趣的例子，渔民想要获取海底沉船中的精美花瓶是不容易的事，利用章鱼就能办到。把一只拴在绳子上的章鱼放入沉船中，章鱼会迅速钻进瓶子中进行隐蔽，这样就可以很容易把瓶子提出水面。

现在需要在一根长胶管上钻出很多小直径的标准孔。因为胶管很软，钻孔操作起来显得非常不容易。有人建议用烧红的铁棍来烫出小孔。经过尝试，发现烫出的小孔很毛糙，而且很容易破损，不能满足质量要求。有没有什么好的办法呢？请尝试利用借助中介物原理给出好的方案。

2.2.25 自服务原理

自服务（Self-service）原理是指系统巧妙地利用物理、化学和几何等效应，自动地执行辅助或维护功能，以使主要功能更好地完成。自服务原理的具体内容如下。

（1）让系统在运行中能够自我维护、自动执行辅助操作

例如，自动饮水机（图2-49）利用聪明座或自力式的浮球水位控制器，随时通过水桶和自来水管自动补充自身水箱中的存水。再如，高寒地区的室外高压线路为了防止被积雪压塌，采取的措施是在高压电线每隔5m安装一个铁氧体环，利用铁磁性材料的居里点，当气温低于0℃时，能够自动感应发热，这样高压电线就不会被积雪冻结。

图2-49 自动饮水机

（2）利用废弃的物质资源或能源获得有效作用

例如，炙热的焦炭在运输过程中，为了避免高温对传送带的损害，在传送带上铺设一层碎的焦炭，可以起到隔热的作用，从而保护传送带本身（图2-50）。

图2-50　焦炭输送装置

再例如，利用抛丸机运输钢珠的过程当中，由于钢珠对管道的冲击力大，管道的拐弯处磨损严重。在管道外部引入一块磁铁，使一部分钢珠被吸附在管道的拐弯处，避免钢珠与管道直接碰撞，延长了管道的寿命（图2-51）。

2.2.26　复制原理

复制（Copying）原理是指利用拷贝、复制品或模型来代替因成本过高而不能使用的事物。原理的具体内容如下。

（1）用经过简化的廉价复制品，代替不易获得的、复杂的、昂贵的、不方便或易碎的物品

这样的例子非常多，例如，使用计算机设计的虚拟系统（图2-52），进行外科手术模拟训练；利用塑料花代替鲜花，永远不会凋谢，可以重复使用；利用稻草人代替真人在田边驱赶麻雀等。

（2）用可以按比例放大或缩小的光学复制品来代替实物

例如，通过观看教师授课的视频来进行课程的学习；医学上通过B超来观察内脏的情况；利用卫星发回来的遥感照片来研究地面的情况等。

（3）如果已经使用了可见光拷贝，用红外线或紫外线替代

例如，使用红外线代替可见光来进行夜间成像。

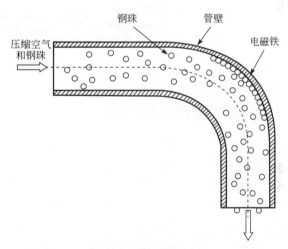

图2-51　抛丸机输送钢珠

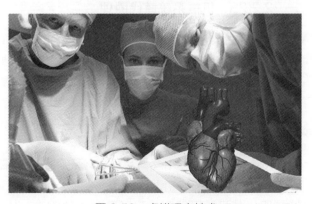

图2-52　虚拟现实技术

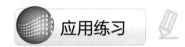 应用练习

货运列车上装满了大圆木（图2-53），检查员们都正满头大汗地测量每根圆木的直径，以准确计算出圆木体积。"看来得让火车推迟开出，"经理说，"今天我们无论如何都是测量不完的。""但是，火车必须在5分钟内开出，"站长说。"下一列火车正在等待着进站。"

如何解决这个问题？大家给出了很多建议，主要有以下几个方法。

让更多的人来进行测量；通过测量其中一根圆木的直径，数出圆木总数，相乘后估算总的体积；锯下每根圆木的一片，稍后进行测量等。但是以上所有的解决办法，都会带来另外的一些问题。怎么办更好些呢？

图 2-53　利用复制原理测量原木体积

2.2.27　廉价替代品原理

廉价替代品（Disposable Objects）原理，是指利用廉价的物体代替昂贵的物体，同时降低某些质量要求（例如工作寿命）。

在保证质量、满足用户需求的前提下，降低物品的某些性能，其成本和价格可以大幅下降，总体上呈现性价比提高。可替代的对象不单是机器、工具和设备，也可以是信息、能量、人及过程。

例如，一次性的纸杯或塑料杯、一次性的餐具；塑料机芯的手表；人造革的提包等。

2.2.28　机械系统替代原理

机械系统替代（Mechanics Substitution）原理，是指利用物理场或其他形式的场（如化学场、生物场）的作用等来代替机械的作用。原理的具体内容如下。

（1）用光学系统、声学系统、电子学系统或影响人类感觉的系统代替机械系统

例如，走廊里的灯由机械开关控制改为光线控制和声音控制；使用红外线遥控选台器代替电视机的机械选台旋钮；使用超声波进行设备清洗代替物理清洗；用光电鼠标代替机械鼠标等。

（2）使用与物体相互作用的电场、磁场、电磁场

例如，使用感应钥匙代替传统钥匙；使用电磁门锁代替机械门锁（图2-54）；使用磁力搅拌器代替机械搅拌器；为了混合两种粉末，使用电磁场替代机械振动，可以使粉末混合

得更加均匀等。

图 2-54　电磁门锁和感应钥匙

（3）使用运动场代替静止场，时变场代替恒定场，确定场代替随机场

例如，用特定发射方式的天线替代早期全方位检测的通信系统；核磁共振成像的扫描器。

（4）把场与场作用和铁磁粒子组合使用

例如，用变化的磁场加热含铁磁粒子的物质，当温度达到居里点时，物质变成顺磁，不再吸收热量，从而实现恒温。再例如，电磁波可以使融化金属的表面成为波浪状，在上面生产玻璃，从而使玻璃能够产生具有波浪形状的花纹。

2.2.29　气压或液压结构原理

气压和液压结构（Pneumatics and Hydraulics）原理是指将物体的固体部分用气体或液体代替，如充气结构、充液结构、气垫、液体静力结构和流体动力结构。这个原理在使用时，应注意观察系统中是否包含具有可压缩性、流动性、弹性及能量吸收等属性的元件，是否可以用气动和液压元件代替原有零部件。

例如，千斤顶的液压结构、液压钳；汽车的安全气囊；户外装备中的充气垫子；为避免玻璃门的开关速度太快而采用的空气阻尼器；使用充气的橡皮艇代替木船等。

产品是不断进化的，TRIZ 理论认为产品的进化方向，通常是由刚性的机械结构进化到柔性结构，然后被液体、气体乃至场所取代。分割原理、机械系统替代原理、气压和液压结构原理以及下面要讲到的柔性壳体或薄膜原理，都体现出这样的思想。

国旗迎风飘扬（图 2-55）象征着国家蒸蒸日上，民族充满希望。如何使国旗在没有风的地方仍然能够在旗杆上猎猎飘扬？请运用机械结构替代原理和气压或液压结构原理进行分析，并给出一些方案。

2.2.30　柔性壳体或薄膜原理

图 2-55　国旗迎风飘扬

柔性壳体或薄膜（Flexible membranes and Thin film）原理，是指利用柔性的、薄的物体代替硬的、厚的物体，或者用薄膜将物体与外界环境隔离开来。薄的、柔性的东西往往有独特的性能和较高的性价比。柔性化也是产品发展进化的一个方向。柔性壳体或薄膜原理的具体内容如下。

（1）使用柔性壳体或薄膜代替普通结构

例如，将传统的键盘改为柔性的橡胶键盘或薄膜键盘（图 2-56）；北京奥运会游泳比赛场馆（水立方）采用了塑料充气薄膜代替传统的建筑结构（图 2-57）；柔性的薄膜太阳能光伏电池；充气游泳池；排水管道使用塑料代替铸铁管道等。

图 2-56　柔性键盘

图 2-58 是一款柔性壳体设计的充气式洗衣机。由于取消了传统的钢制壳体，洗衣机的重量降至 2kg，当然价格也降低至 70 美元。这款洗衣机由于便于携带，因此设计者为它取名为"Traveller"（旅行者）。

图 2-57　国家游泳中心

图 2-58　充气式洗衣机

（2）使用柔性壳体或薄膜将物体与环境隔离

例如，农业上使用的温室大棚是用塑料薄膜代替玻璃将作物与外界隔开；使用地膜覆盖能够保持土壤的水分，还能够阻止杂草长出；野营时使用帐篷和睡袋把人和外面隔离等。柔软的薄膜材料有时具有一些刚性材料无法比拟的功能，像半透膜这种材料，小分子可以通过，大分子难以通过，因此可以利用它进行分子级别的过滤，如纯水制备等。

 应用练习

行军打仗或者户外旅行，携带充足的饮用水是非常必要的，但是水的携带是不方便的。玻璃瓶很容易打碎，铝制的军用水壶虽然结实却又盛放不了很多水，该怎么办呢？

2.2.31 多孔材料原理

多孔材料（Porous Materials）原理的内容是使物体变为多孔或加入多孔物体，如多孔嵌入物或覆盖物，如果物体已经是孔结构，在小孔中事先填入某种物质。这些孔可以是空穴、气泡、毛细管等结构，结构中可以不包含任何实物粒子，可以是真空，也可以充满某种有用的气体、液体或固体。孔的大小可以从宏观一直到微观。使用孔结构，可以使物体产生优良的力学性能，减轻物体的重量，增加物体的强度等，也可以利用其多孔性来存储物质和过滤。

例如，多孔的包装容器坚固、轻便、廉价而且通风透气；多孔的鞋底材料使鞋变得富有弹性；活性炭是一种多孔物质，具有很强的吸附作用，可以用来过滤空气，也可以净化污水；粉煤灰制成的砖有很多的孔，这种砖既轻便又保暖；棉花是一种多孔材料，利用孔的毛细作用可以吸取药物，用来擦拭伤口；利用多孔的海绵来存储油墨等。

 应用练习

海绵是一种多孔状材料，在生活中有广泛的用途。请你至少说出 20 种海绵的用途。

2.2.32 改变颜色原理

当目的是区别多种系统的特征（例如促进检测、改善测量或标识位置、指示状态改变、目视控制、掩盖问题等）时，可以使用改变颜色（Color Changes）原理。该原理的具体内容如下。

（1）改变物体或环境的颜色

改变颜色可以让物体与环境的差别更加明显，起到提示的作用。

例如，随温度变化而改变颜色的淋浴喷头（图 2-59）；随温度变化而改变颜色的杯子、汤勺等。不少人正在应用仿生学研究能够随环境色彩变化而改变颜色的"变色龙衣服"，一旦研制成功，穿上它就可以像变色龙一样实现隐身。

（2）改变对象和外部环境的透明程度，或改变某一过程的可视性

例如，变色眼镜可以随着光线的强弱而改变其透光性；用透明物质做成绷带，这样就可以在不揭开绷带的条件下观察伤口情况；战场上利用烟幕改变环境的透明程度，给敌人造成视觉上的障碍。现在，透明的电子产品成为一种别具一格的时尚，如透明的电脑、透明的键盘、透明的手机等，它们的问世将给人们带来一种清新的感受。

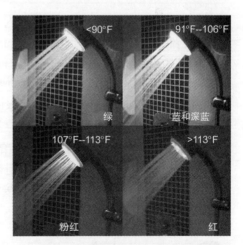

图 2-59 随温度改变颜色的喷头

（3）采用有颜色的添加物便于观察

采用有颜色的添加物，使不易被观察的对象或过程被观察到。如果已经使用了颜色添加剂，则可借助于发光迹线来追踪物质。例如，为了清楚观察细胞内部的结构，常常用染色剂对细胞进行染色；为了更好地观察病人的肠道情况，在检查前让病人服用钡餐；在纸

币中加入荧光物质，以提高纸币的防伪能力；飞机在特技表演的时候，为了看清楚表演的过程，释放彩色的烟雾等。

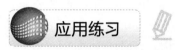 应用练习

人们很早就发现了带电的粒子，如电子、离子等，但是这些微粒实在太小了，谁也没法用肉眼直接看到它们是怎样运动的。直到1894年，英国人威尔逊发明了一种叫"云雾室"（图2-60）的装置，透明的装置里面充满了干净空气和饱和蒸汽。这时，如果闯进去一个肉眼看不见的带电微粒，它周围的饱和蒸汽立即凝结成微小的液滴，形成像喷气式飞机喷出的"云雾"一样的"足迹"。

读完这个故事，请运用改变颜色原理思考下面的问题：

图2-60　云雾室中粒子的轨迹

为研究降落伞在水流中的降落轨迹，研究人员制作了一只小降落伞模型，然后放入有水流动的透明玻璃管中。因为透明水中的涡流很难用肉眼观察到，于是人们在模型上涂上可溶颜料。但是，模型经过几次试验以后，颜料没有了，于是需要停下测试再次涂上颜料，结果模型被颜料搞得变了形，测试条件发生了变化，测试的结果误差也增大了。该怎么办呢？

2.2.33　同质性原理

同质性（Homogeneity）原理的内容是指相互作用的物体应当采用同种材料或者性质相近的材料制成。相同或相近的材料一般不会因为性质的差异而产生额外的有害作用。"同质性"的目的是为了维护系统的稳定，使系统稳步发展。

例如，金刚石是自然界最硬的物质，只有用金刚石割刀才能切割金刚石，同时，切割产生的粉末也可以一起回收；在手术时，医生使用能被人体吸收的羊肠线来缝合伤口；在化学上，凡是分子结构相似的物质，都是易于互相溶解的，叫做"相似相溶"原理；炼钢过程中，在融化的钢水中传递超声波的振动杆会脱落一些成分到钢水中，为防止污染钢水，振动杆选用和钢水一样的材料；使用糯米制成糖纸来包装软糖，即便两者粘在一起，也可以食用；由于两种不同的金属相互接触会发生电化学腐蚀，所以应该用铜铆钉连接铜板，而不能用铁铆钉等。

 应用练习

在水果的表皮贴上识别信息（比如产地、种类、采摘日期等）标签，可以让消费者更好地了解所购买的水果。但是

将标签用胶粘到水果表面，既不卫生又不容易去除。那么怎样才能解决这个问题呢？同质性原理提示我们，使用相同或者性质相近的材料。

2.2.34 抛弃或再生原理

抛弃或再生（Discarding and Recovering）原理分为抛弃原理和再生原理。其具体内容如下。

（1）在系统运行的过程中，对已完成功能的部件采用溶解或蒸发等手段抛弃或直接修改它们

例如，药物胶囊的外壳起到包裹药粉的作用，一旦进入人体将自行溶解掉；多级火箭在完成升空后立即将助推器逐级分离，以改善火箭的质量特性，提高运载能力；在制造微型弹簧时，首先将弹簧绕在呈固体状态的芯模上，在弹簧成型后放在液体中，芯模会自行融化；枪在子弹头射出以后，将子弹壳抛弃。

（2）系统不断消耗的部分应该在工作中直接得到再生或迅速得到补充

例如，自动步枪可以在发射出一发子弹后自动装填另一发子弹；收割机的刀刃自磨系统，可以在刀刃磨损的同时产生新的刃口，始终保持刃口的锋利等。

2.2.35 物理或化学参数变化原理

物理或化学参数变化（Physical or Chemical Parameter Changes）原理，是指为了改善系统的性能或者增加某些新的功能而改变系统的物理或化学参数。该原理的具体内容如下：

① 改变系统的物理状态；
② 改变浓度或密度；
③ 改变柔性；
④ 改变温度或体积。

实际上系统的物理或化学参数远不止这些，例如物理中就有力学的、电学的、磁学的、光学的、热学的参数等，化学中也有焓值、酸碱度、氧化还原性、反应热、平衡常数等，甚至系统成分的变化都可以看成是物理或化学参数变化，只要能够改善系统的性能或产生新的功能，就可以使用这个原理。前面讲到的颜色变化、柔性壳体以及后面的相变原理等都在这条原理中有所体现。因此，物理或化学参数变化原理是发明原理中使用频率最高的原理。下面列举一些应用实例。

把石油裂解产生的气体液化，制成液化石油气，由于体积减小，便于存储和运输；将二氧化碳变成固体，称为"干冰"，常用于污垢的清洗。这些都改变了系统的物理状态。

用液态的洗手液代替固体肥皂，洁净效应更好，易于定量使用；固体胶比胶水更易于携带和使用。这些是改变了物体的柔性。

硫化橡胶又称熟橡胶，具有较高的弹性和拉伸强度；铝合金比纯铝具有更高的强度，适于加工成各种型材。这些是改变成分使物体的柔性发生改变。

固体酱油、压缩饼干是改变了物体的浓度或者密度，加热的牛奶、冰镇的饮料更受人喜爱；缩小了的移动存储设备——U盘，做到了把"图书馆"挂到钥匙链上（图2-61）。这些是改变了物体的温度和体积等。

图 2-61　移动存储设备

铸造厂里，铸件表面需要清洁，常用喷砂机进行喷砂，利用高速运动的砂子将铸件表面的污层冲掉。但是这个工序带来的问题是，铸件的缝隙里会残留砂子，而且不易清除干净。如果将缝隙盖上，将会增大工作量，而且影响清洁程度。该怎么办呢？请利用物理或化学变化原理给出解决方案。

2.2.36　相变原理

相变是指物质相态的变化，一般来说是指固态和液态、液态和气态以及固态和气态之间的相互变化。发生相变的时候，常常伴随着物体体积、流动性、导电性等物理性质的变化，还伴随着放热或者吸热现象的发生。相变（Phase Transitions）原理就是利用相变时发生的现象。

例如，蒸汽机的发明就是利用了水由液态变为气态时体积膨胀、压力增加而推动活塞做功的；天然气通过加压液化成为液化天然气（LNG），体积缩小，便于储存和运输（图2-62）；电冰箱则是利用制冷剂由液态变为气态时吸收环境热量而实现的；金属铸造是把固体的金属加热熔融后变为液态，然后浇到模具里面，冷凝后又还原为固态，这是利用了金属相变后流动性发生改变。

图 2-62　液化天然气运输船

应用练习

1. 俗话说"油水不相溶",但油和水混在一起还真不容易把它们分开。请运用学过的发明原理,解决"除去食用植物油中的水分"的问题。

2. 使用炸药进行建筑物拆除、采矿等爆破时,常常是尘土飞扬、地动山摇,而且十分危险。能否利用相变原理实现"无声爆破"呢?

2.2.37 热膨胀原理

大多数的物体都具有"热胀冷缩"的性质,伴随着体积和密度的变化。热膨胀(Thermal Expansion)原理就是尝试利用这一现象来实现一些功能。其具体内容如下。

(1)利用材料的热膨胀(或收缩)

例如,玻璃管液体温度计就是利用汞或酒精的热胀冷缩来指示温度的;在机械装配中,实现过盈配合时通常冷却内部件,加热外部件,装配完成后恢复常温,两者将实现紧配合;热气球是利用空气受热后体积膨胀、密度减小这一原理获得较大的浮力而升空的。

(2)使用具有不同热膨胀系数的材料

例如,将两种热膨胀系数不同的金属叠焊在一起,制成双金属片,当双金属片受热时将发生弯曲。利用这一原理,双金属片可以制作成双金属温度计和热敏开关(图2-63)等。

图2-63 双金属热敏开关和双金属温度计

2.2.38 加速氧化原理

氧是自然界中非常重要的一种元素,除惰性元素外的几乎所有元素都可以与氧发生反应,也就是被氧化。物质被氧化后其性质发生改变,其结果可能对我们是有用的。从空气、富氧、纯氧到臭氧,氧化能力逐级增强,离子化氧则有其特殊的性质。加速氧化(Strong Oxidants)原理旨在寻求一种特殊的手段(氧化),以期快速达到新的、更好的状态。加速氧化原理的具体内容如下:

① 用富氧空气替代普通空气;
② 用纯氧替代富氧空气;
③ 用离子化氧替代纯氧;
④ 用臭氧替代离子化氧。

例如，高炉富氧送风比普通空气可以获得更多的热量，提高铁的产量；吸氧可以辅助治疗因缺氧引起的疾病或快速缓解疲劳，所用的医用氧气纯度高达99.5%以上；用高压纯氧处理伤口（图2-64），既可以杀灭细菌，又可以帮助伤口愈合；通过电离处理空气产生离子化氧，用离子化氧来净化空气；使用臭氧进行果蔬的杀菌消毒等。

氧化的结果有时不是我们所期望的，例如钢铁的锈蚀等。所以在使用加速氧化原理的时候，应充分考虑到其副作用。

2.2.39 惰性环境原理

图2-64 利用纯氧帮助伤口愈合

与加速氧化原理刚好相反，惰性环境原理是指营造一种惰性的环境，以便很好地完成所需的功能。惰性环境（Inert Environment）原理的具体内容如下。

（1）用惰性环境代替通常环境

例如，在焊接的时候，为了防止焊缝氧化，将二氧化碳、氩气、氦气等惰性气体罩在电弧上进行保护焊接（图2-65）；用二氧化碳灭火器进行灭火等。

（2）添加惰性或中性添加剂到物体中

例如，为了防止白炽灯泡的灯丝氧化，先将灯泡中的空气抽走，然后充入惰性气体进行保护；为了防止仓库里的棉花着火，在棉花中通入惰性气体；在墙体保温材料当中添加惰性的阻燃成分以防止着火等。

（3）使用真空环境

例如，食品的真空包装用于延长保质期；暖水瓶的胆中间抽成真空用于隔热；墙壁上的挂钩利用吸盘抽成真空吸附于墙上；化工生产中利用真空环境进行蒸发、脱水、干燥操作等。

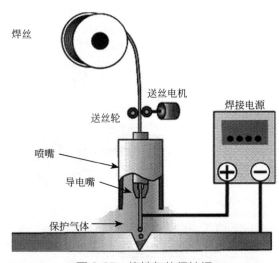

图2-65 惰性气体保护焊

惰性环境应包括惰性的气体、液体、固体和真空等。惰性环境是相对于某种物质而言的，只要对该物质不产生有害作用，同时也能防止其他物质的侵害，这种环境就是惰性环境。氧化环境可以促使物质发生变化，惰性环境则可以延缓物质发生变化，提高系统的稳定性。

一个车间得到一份订单，对很大的金属零件进行热处理。要进行这项工作，吊车司机必须从炼铁炉中吊出通红的铸铁，将它运到一个油池上方并使其落入油槽。工作了几天之后，吊车司机找到老板抱怨说:"这样干我很难呼吸。我的控制室离房顶很近,所有从油槽里升起的烟都向我飘来,我不干了。"烟雾本来不是问题,因为处理小部件时,车间里的通风设备就可以满足要求,现在处理大型部件时,烟就变成了主要问题。该怎么办呢?

2.2.40 复合材料原理

复合材料(Composite Materials)原理的内容是用复合材料代替均质材料。

复合材料是由两种或两种以上不同性质的材料,通过物理或化学的方法组成具有新性能的材料。各种材料在性能上互相取长补短,产生协同效应,使复合材料的综合性能优于原组成材料。

例如,建筑领域使用钢筋混凝土作为建筑材料,具有很强的抗拉和抗压能力;复合木地板是以木材为主要原料,经过适当的处理,使其与各种塑料通过不同的复合方法生成高性能的新型复合材料;玻璃钢是以玻璃纤维作为增强材料,以合成树脂作基体材料的一种复合材料,具有重量轻、强度高、韧性好、耐腐蚀等优点,被广泛地用在生产和生活领域。

复合材料原理是材料科学领域应用最广的原理之一。与"同质性原理"的思路相反,通过材料的复合可能实现材料功能的多样性。例如,利用稀土和其他材料的复合,研制出多种多样稀土功能材料。同时,有些材料通过复合又增加了材料的稳定性。例如某些合金材料的抗腐蚀性、强度等,都优于单一金属材料,这一点又与"同质性原理"的目的相同。

第3章 创新思维

3.1 思维定式

3.1.1 思维定式的概念

当我们变得习惯于用熟悉的方式感知事物,看待事物的意义、关系或用处时,就形成了思维定式,也称为惯性思维。威廉·贝弗里奇(W.I.B.Beveridge)在其《科学研究的艺术》一书中解释了思维定式,当我们的思想多次重复特定的路径时,下一次采取同样的思路的可能性就更大。我们在不断思考的过程中,在观念之间建立了联结,并不断强化这个联结,最后,这些联结被牢固地建立起来,以至于我们很难打破它们。思维定式所带来的结果如同条件反射,使我们在思考过程中受到自己的局限。即使我们具备足够的条件来解决问题,也无法运用这些条件开展工作,最终导致被困其中。

> **小故事一**
>
> 拿破仑被流放到圣赫勒岛后,他的一位善于谋略的密友悄悄地给他捎来了一副用象牙和软玉制成的国际象棋。拿破仑爱不释手,从此一个人默默下起了象棋,打发着寂寞痛苦的时光。象棋被摸光滑了,他的生命也走到了尽头。拿破仑死后,这副象棋经过多次转手拍卖。后来一个象棋的拥有者偶然发现,有一枚棋子的底部居然可以打开,里面塞有一张如何逃出圣赫勒岛的详细计划。

小故事二

他还会爱她吗？

记得大学一堂选修课上，教授面带微笑地走进教室，对学生说："我受一家机构委托，来做一项问卷调查，请同学们帮个忙。"一听这话，教室里发出一阵轻松的议论声，大学课堂本来枯燥，这下可好玩多了。

问卷表发下来一看，只有两道题。

第一题：他很爱她，她细细的瓜子脸，弯弯的蛾眉，面色白皙，美丽动人。可是有一天，她不幸遇上了车祸，痊愈后，脸上留下了几道大大的丑陋疤痕。你觉得，他会一如既往地爱她吗？

A. 他一定会　B. 他一定不会　C. 他可能会

第二题：她很爱他，他是商界精英，儒雅沉稳，敢打敢拼。忽然有一天，他破产了。你觉得，她还会像以前一样爱他吗？

A. 她一定会　B. 她一定不会　C. 她可能会

一会儿，学生做好了。问卷收上来，教授统计发现：

第一题有 10% 的同学选 A，10% 的同学选 B，80% 的同学选 C。

第二题呢，30% 的同学选 A，30% 的同学选 B，40% 的同学选 C。

"看来，美女毁容比男人破产更让人不能容忍啊。"教授笑了，"做这两题时，潜意识里，你们是不是把他和她当成了恋人关系？"

"是啊。"学生答得很整齐。

"可是，题目本身并没有说他和她是恋人关系啊？"教授似有深意地看着大家，"现在，我们来假设一下，如果，第一题中的'他'是'她'的父亲，第二题中的'她'是'他'的母亲。让你把这两道题重新做一遍，你还会坚持原来的选择吗？"

问卷再次发到学生手中，教室里突然变得非常宁静，一张张年轻的面庞变得凝重而深沉。几分钟后，问卷收上来了，教授再一次统计，两道题学生都 100% 地选了 A。

教授的语调深沉而动情："这个世界上，有一种爱，亘古绵长，无私无求，不因季节更替，不因名利浮沉——这就是父母的爱啊！"

就像学生会先认定这两个人是恋人一样，没有任何文字表明这两个人的关系，但是学生都把这两个人放进了自己预设的思维套笼里。

（1）你怎样一笔画两条直线并把图上的任意四个点通过直线连接起来？

（2）一笔绘制四条连续的直线，连接下面九个点。

3.1.2 思维定式的代价

我们因为思维定式付出了许多代价。例如，美国"9·11"恐怖袭击之前，美国国家安全局有一名特工曾经发现了一些巧合：有几位阿拉伯男子在学习开飞机，可是他们并不想学习起飞和降落技术，而这两项恰恰是最难掌握的、最关键的飞行技能。这引起了特工的注意：一名不会起飞、不会降落的飞行员能做什么呢？这样学习驾驶飞机有什么用？没有任何一家航空公司愿意雇佣这类飞行员。然后一个可怕的想法进入这名特工的脑中：这样学习驾驶飞机，唯一的用途就是劫机和自杀式袭击吧？这个特工立刻致信给总部，要求调查全国学习开飞机的可疑人员，并且发出了可能有"劫机事件"的警告。但是他的警告被上司忽略了，他们认为这个意外完全是巧合，不值得考虑。拥有思维定式的人认为，渴望在意外事件中发现线索简直是不成熟的行为。

3.1.3 思维定式常见的表现形式

（1）从众型思维定式

从众型思维定式是指没有或不敢坚持自己的主见，总是顺从多数人意志的一种广泛存在的心理现象。在生活中，从众型思维定式普遍存在。例如走到十字路口，看到红灯已经亮了，本该停下来，但是看到大家都往前冲，自己也会随着人群往前冲。破除从众型思维定式，需要在思维过程中不盲目跟随，具备心理抗压能力；在科学研究和发明过程中，要有独立的思维意识。

生活中我们太习惯走别人走过的路，我们偏执地认为走大多数人走过的路不会错，但是，我们不会想到的是，当我们这么想的时候，我们忽略了一个重要的事实，那就是走别人没有走过的路往往更容易成功。

案例分享

阿希实验

阿希实验是研究从众现象的经典心理学实验，如图3-1所示，它是由美国心理学家所罗门·阿希（Solomon E.Asch）在40多年前设计实施的。阿希要大家做一个非常容易的判断——比较线段的长度。他拿出一张画有一条竖线的卡片，然后让大家比较这条线和另一张卡片上的3条线中的哪一条线等长。判断共进行了18次。事实上这些线条的长短差异很明显，正常人是很容易作出正确判断的。

然而，在两次正常判断之后，5个假被试者故意异口同声地说出一个错误答案。于是许多真被试者开始迷惑了，他们是坚定地相信自己的眼力呢，还是说出一个和其他人一样、但自己心里认为不正确的答案呢？

从总体结果看，平均有33%的人判断是从众的，有76%的人至少作了一次从众的判断，而在正常的情况下，人们判断错的可能性还不到1%。当然，还有24%的人一直没有从众，他们按照自己的正确判断来回答。

 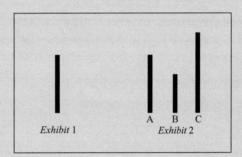

图3-1 所罗门·阿希与他的实验

从众定式指个人受到外界人群行为的影响，而在自己的知觉、判断、认识上表现出符合于公众舆论或多数人的行为方式。通常情况下，多数人的意见是对的。服从多数，一般是不错的。但缺乏分析，不作独立思考，不顾是非曲直地一概服从多数，随大流走，则是不可取的，是消极的"盲目从众心理"。

法国科普作家让-亨利·法布尔（Jean-Henri Fabre）曾发现一个著名的"毛毛虫"效应，这种毛毛虫有一种"跟随"的习性，总是盲目地跟随着前面的毛毛虫走。法布尔把若干个毛毛虫放在一个花盆的边缘上，首尾相接，围成一圈，并在花盆周围不到6英寸（1英寸=25.4毫米）的地方撒上一些毛毛虫爱吃的松针。毛毛虫开始一个接着一个绕着花盆一圈一圈地走。一连七天七夜，它们终于因为饥饿和精疲力竭而亡。

法布尔于是在他的实验笔记上写下了这样一句耐人寻味的话：在那么多毛毛虫当中，只要有一只稍与众不同，便会避免死亡的厄运。

① 两个人，一个脸朝东、一个脸朝西站着。不准回头，不准走动，怎样才能看到对方的脸？

② 汽车停在一条不转弯的路上，车头朝东，怎样才能使汽车不转弯行驶，车却停在离原停车点西面1千米处？

③ 在北国的严冬，一个戴着大棉帽子、穿着大衣的人领着一个男孩在路上走，有人问这个人："这是你的儿子吗？"这人说："是的，他是我儿子。"这人又问这个小孩："这是你爸爸吗？"孩子摇头说："不是。"请你想一下，这是怎么回事？

④ 有一辆卡车，装着很高的货，当要通过一处铁路桥时，发现货物高出桥洞一点点，卡车无法通过，卸货重装则很费事，请你想个简单的办法解决这一难题。

案例分享

福尔顿与固体氦的热导率

有一位叫福尔顿的物理学家，由于研究工作的需要，测量出固体氦的热导率。他运用的是新的测量方法，测出的结果比按照过去计算的数字高 500 倍，他感到这个差距太大，如果公布出来会被人看作哗众取宠，因此他没有公布自己的测量结果，也没有进一步进行研究。没过多久，美国的一个年轻科学家，在实验过程中也测出了同样的结果，并将结果公布出来，很快在科技界引起了广泛关注，赢得了人们的肯定和赞誉。

（2）书本型思维定式

书本知识对人类所起的积极作用是显而易见的。现有的科学技术和文学艺术是人类两千多年来认识世界、改造世界的经验总结，其中大部分都是通过书本传承下来的，因此，书本知识是人类的宝贵财富，必须认真学习与继承。对于书本知识的学习，需要掌握其精神实质，活学活用，不能当作教条死记硬背，不能作为万事皆准的绝对真理，否则将形成书本型思维定式，这是把书本知识夸大化、绝对化的片面的、有害的观点。

当今社会不断发展，而书本知识未得到及时和有效的更新，导致书本知识与客观事实之间存在着一定程度的滞后性。如果一味地认为书本知识都是正确的，或严格按照书本知识指导实践的，将严重束缚、禁锢创造性思维的发挥。为了破除思维定式，需要认识到任何原理都必须与具体实践相结合，认识到对任何问题都应该了解相关的各种观点，以便通过比较进行鉴别。

案例分享

赵括纸上谈兵

赵奢是赵国名将，为赵国屡建战功。可是赵奢的儿子赵括却不像父亲。赵括从小的确读了不少兵书，谈起用兵之道滔滔不绝，连他父亲都不如他。于是，赵括自以为是，觉得自己是了不起的军事家，他狂妄地认为自己在军事上已经是天下无敌了。然而赵奢却不这么认为，他不但从未赞扬过儿子的夸夸其谈，反而却常常担忧地说:"日后赵国不让赵括带兵便罢,如果让他带兵打仗,那么断送赵国前程的将必是赵括无疑。"过了几年,赵奢死去了。这一年,秦国对赵国大举进攻,赵国派了年龄很大的将军廉颇率军迎敌。开始,赵军连连失利。在这样的情况下,廉颇改变战略方针,他下令让军队坚守城池,以逸待劳,不要主动出击,保存实力把住阵地从而拖垮秦军。结果秦军由于远道而来,经不住廉颇的拖延,粮草渐渐接不上,快要支撑不下去了,秦军十分恐慌。于是秦军施展计谋,派人悄悄潜入赵国散布流言说:"秦军谁都不怕,就怕赵括担任大将。"

赵王正在为廉颇在军事上毫无进展而闷闷不乐,听到外面流传的那些说法,便撤掉廉颇,要派赵括为大将来统帅军队。赵括的母亲记住丈夫生前的嘱咐,再三向赵王说明情况,极力劝告赵王收回决定,可是赵王哪里听得进去,他真的任命了赵括担任大将来取代廉颇。

赵括一到前线,便开始胡乱指挥起来。他完全改变了廉颇的策略,大量撤换将官,一时间弄得人心惶惶,军心涣散。

秦军得知赵军这些情况,自然正中下怀。一天深夜,秦军派一支队伍偷袭赵营,刚一交战,便佯装败走。同时,秦军又派兵乘机切断了赵军的粮道。

赵括不知实情,还以为秦军真的是败逃。他得意地想,取胜即在眼前,这正是表现自己的时候。于是他命令部队紧紧追击。结果,赵军追了一段后即被秦军伏兵将追兵拦腰截断,使赵军首尾不能相顾。然后,秦军一齐杀出,将赵军各个击破,团团围住。赵军被秦军围困40多天,粮食早已吃光,又没有接应,一时间军心大乱。赵括一筹莫展,满肚子的兵法也不知如何施展。眼看守下去也是活活饿死,便率军仓皇突围。可是怎敌秦军四面掩杀,哪里突得出去。结果赵括被乱箭射死,40万赵军也全军覆没。从此以后赵国就一蹶不振。

赵括纸上谈兵(图3-2),并无真才实学,而赵王还对他委以重任,结果招致惨痛失败。看来,书本主义的危害是不可轻视的。

图3-2 赵括纸上谈兵

(3)经验型思维定式

首先,经验是宝贵的,但经验又有局限性,没有一种情况能完全符合过去的经验。一方面,前人的经验及自己总结的经验会给我们办事带来方便,如品茶大师拿着茶叶一看一品,就知道它的产地和等级;老农抓起一把土一看,就知道适宜种什么庄稼。但另一方面,经验（习惯）也会经常成为发挥创新能力的障碍。

其次，运用创新思维，突破经验的局限性，会创造财富、创造奇迹，从而改变自己组织和国家的命运。

 应用练习

① 用两个阿拉伯数字"1"能组成的最大数字？
② 用三个"1"能组成的最大数字？
③ 用四个"1"能组成的最大数字？

经验是人类在实践中获得的主观体验和感受，是通过感官对个别事物的表面现象、外部联系的认识，是理性认识的基础，在人类的认识与实践中发挥着重要作用。但经验并未充分反映出事物发展的本质和规律。经验型思维定式是指人们处理问题时按照以往的经验去办的一种思维习惯，照搬经验，忽略了经验的相对性和片面性，制约了创造性思维的发挥。

经验型思维定式有助于人们在处理常规事物时少走弯路，提高办事效率。要把经验与经验型思维定式区分开来，破除经验型思维定式，提高思维灵活变通的能力。

案例分享

图书馆搬家的故事

相传，大英图书馆老馆年久失修，在新的地方建了一个新的图书馆，新馆建成以后，要把老馆的书搬到新馆去。

这本来是搬家公司的活，没什么好策划的，把书装上车，拉走，运到新馆即可。

问题是按预算需要350万英镑，图书馆没有这么多钱。眼看雨季就要到了，不马上搬家，这损失就大了。

"怎么办？"馆长想了很多方案，但一筹莫展。

正当馆长苦恼的时候，一个馆员找到馆长，说他有一个解决方案，不过仍然需要150万英镑。

馆长十分高兴，因为图书馆有能力支付这笔钱。

"快说出来！"馆长很着急。

馆员说："好主意也是商品，我有一个条件。"

"什么条件？"

"如果150万全部花完了，那全当我给图书馆做贡献了；如果有剩余，图书馆要把剩余的钱给我。"

"那有什么问题？350万我都认可了，150万以内剩余的钱给你，我马上就能做主！"馆长很坚定地说。

"那我们来签个合同……"馆员意识到发财的机会来了。

合同签订了，不久实施了馆员的新搬家方案。150万英镑连零头都没有用完。就把图书馆给搬了。

原来，图书馆在报纸上刊登了一条惊人消息：

"从即日起，大英图书馆免费无限量让市民借阅图书，条件是从老馆借出，还到新馆去。"

（摘自《泰晤士报》）

应用练习

德国心理学家陆钦斯（A.S.Luchins）做过一个有名的"量水实验"，如图3-3所示。他要求被试者根据预定的"需水量"来考虑怎样借助A、B、C三个空杯去将水量出来。请把解答仿例写在解答栏上。

问题顺序	给定空杯的容量			需水量	解答
	A	B	C	D	
1	3	29	3	20	D=B−A−2C
2	3	127	2	120	
3	14	163	25	99	
4	18	43	10	5	
5	9	42	6	21	
6	20	59	4	31	
7	23	49	3	20	
8	15	39	3	18	

图3-3 量水实验

上述练习中共提了8个问题（即8个需水量）。在实际操作（运算）中，从题2到题6，都是用下列公式：B－A－2C 计算最为简便，但题 7 和题 8 的最简便计算应是 A－C 和 A＋C，但由于受到前几题解题思路的影响，仍按前面的思路解题。在实验中，几乎 100% 的试验都沿着上述思路的"惯性"走下来。此实验证明，"思维定式"对我们的思维有着十分强大的影响力。

 应用练习

① 试着倒着走路。
② 习惯坐后排的同学改坐前排。
③ 喜欢收拾东西的同学不妨随意一下。
④ 下雨的时候不打伞走出去。
⑤ 改变一下到教室的路线。
⑥ 换一种方式和别人打招呼或问好。
⑦ 尝试另外的运动项目。
⑧ 把吸收式读书改为批判式读书。
⑨ 以欣赏的心态看待自己曾不感兴趣的课程。

（4）权威型思维定式

在思维领域，不少人习惯引证权威的观点，甚至以权威作为判定事物是非的唯一标准，一旦发现与权威相违背的观点，就唯"权威"是瞻，这种思维习惯或程式就是权威型思维惯性。权威型思维惯性是思维惰性的表现，是对权威的迷信、盲目崇拜与夸大，属于权威的泛化。权威型思维惯性的形成来源于多个方面，如由于不当的教育方式造成的，在婴儿、青少年教育时期，家长和老师把固化的知识、泛化的权威观念，采用灌输式教育方式传授下来，缺少对教育对象的有效启发，使教育对象形成了盲目接受知识、盲目崇拜权威的习惯；又如在社会中广泛存在着个人崇拜现象，一些人采用各种手段建立或强化自己的权威，不断加强权威定式。

在科学研究中，要区分权威与权威惯性，破除权威型思维定式，坚持"实践是检验真理的唯一标准"。

案例分享

天灾？人祸？

1938 年 9 月 21 日，一场凶猛异常的飓风袭击了美国的东部海岸。美国著名历史学家威廉·曼彻斯特在他的名作《光荣与梦想》中记载并描述了这场罕见的风暴。书中写道："下午两点三十分，海水骤然变成了一堵高大的水墙，以迅猛之势，向巴比伦和帕楚格小镇（位于纽约长岛）之间的海滩劈头压来。

> 第一波海浪的威力如此之大，以至于阿拉斯加州锡特卡的一台地震仪上都记录下了它的影响。在袭击的同时，飓风携带着巨浪以每小时超过 100 英里（1 英里≈1.6km）的速度向北挺进，这时，水墙已经达到近 40 英尺高，长岛的一些居民手忙脚乱地跳进他们的轿车，疯狂地向内陆驶去，没有人能精确地知道，有多少人在这场生死赛跑中失去了生命。幸存者后来回忆道，一路上，人们都将车速保持在每小时 50 英里以上。"
>
> 其实，当地气象学家们已预测到了这场飓风的规模和到来时间，但因为一些不便公开的原因，气象局并没有向公众发出警告。事实上，绝大多数的居民通过家中的仪器或者通过其他渠道都获知飓风即将来临，但由于作为权威部门的气象局并没有发出任何预报，居民们都出人意料地对即将到来的大灾难漠然视之。如果说预报员这次变成了瞎子，那么全体居民也都跟着啥也看不见了？
>
> "后来，许多令人吃惊的故事被披露出来，"曼彻斯特写道，"这里有一个长岛居民的经历。早在飓风到来前几天，他就到纽约的一家大商店订购了一个崭新的气压计。9 月 21 日早晨，新气压计邮寄了过来。令他恼怒的是，指针指向低于 29 的位置，刻度盘上显示：'飓风和龙卷风'。他用力摇了摇气压计，并在墙上猛撞了几下，指针也丝毫没有移动。气愤至极的他，立即将气压计重新打包，驾车赶到了邮局，将气压计又邮寄了回去。当他返回家中的时候，他的房子已经被飓风吹得无影无踪了。"
>
> 这就是绝大多数当地居民采取的方式。当他们的气压计指示的结果没有得到权威部门的印证时，他们宁愿诅咒气压计，或者忽略它，或者干脆扔掉它！

在我国古代有一本医书叫《苏沈良方》，书中记载有一个名为"圣散子"的药方，是苏轼在黄州任上，遇到民间发生时役即流行传染病时，友人巢谷献出的秘方，当时"所活者不可胜数"。但在后来，"此药盛行于京师。太学诸生，信之尤笃。杀人无数"。宋代名医陈无择在《三因方》中便直言不讳地说："此药似治寒疫，因东坡作序，天下通行。辛未年，永嘉瘟疫，被害者不可胜数。"

 应用练习

① 中国有句俗话"黄鼠狼给鸡拜年，没安好心"。这句话对吗？
② 俗语"天下乌鸦一般黑。"这句话是真实的吗？
③ 回忆一下，你过去是否因为相信某位专家、某本书或某个权威人士的话而上当受骗？

3.2 传统的创新思维方法

创新思维最大的敌人是思维定式。世界观、生活环境和知识背景都会影响到人们对事对物的态度和思维方式，不过最重要的影响因素是过去的经验。生活中很多经验，它们会时刻影响人们的思维。

积极思维是创新的前提，历史上所有重大的发明创造，无一不是积极思维的产物。积极思维需要科学的方法，才能提高创新的质量和效率。古往今来，人们在创新实践中发明了许多积极思维的方法，尤其是20世纪以来，出现了"头脑风暴法""六顶思考帽法""奥斯本检核表法"等诸多积极思维方法，并由此产生了一大批创新成果。下面我们对常见的思维方法做简要介绍。

3.2.1 试错法

试错法是设计人员根据已有的产品或者以往的设计经验，提出新产品的工作原理，通过持续的修改和完善，做出样件，如果样件不能满足要求，则返回到方案设计重新开始，直到证明样件设计满足要求，才转入小批量生产和批量生产的方法。如图3-4所示，设计人员根据经验或已有的产品沿方向A寻找解，如果扑空，就调整方向，沿着方向B寻找，如果还找

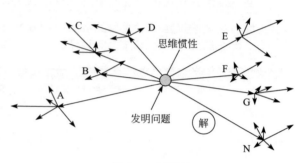

图3-4 试错法

不到，再变换方向C，如此一直调整方向，直到第N个方向碰到一个满意的"解"为止。这是最原始的求新方法，也是历史上技术创造的第一种方法。

由于设计人员不知道满意的"解"所在的位置，在找到该"解"或较满意的"解"之前，往往要扑空多次、试错多次。试错的次数取决于设计者的知识水平和经验。所谓创新是少数天才的工作，正是试错法的经验之谈。

对于发明创造而言，多少年来人们采用的是"试错法"，只有少数聪明人经过艰苦不懈的努力取得成功，这种成功没什么规律可言，也无法传授。

案例分享

查尔斯·固特异（CharlesGoodyear）
发明硫化橡胶（即制造橡胶制品）

有一天，他买了一个橡胶救生圈，决定改进给救生圈打气的充气阀门。但是当他带着改造后的阀门来到生产救生圈的公司时，他得知如果他想成功的话，就应该去寻找改善橡胶性能的方法。当时橡胶仅仅用作布料浸染剂，比如当时非常流行的查尔斯·马金托什发明的防水雨衣（1823年的专利）。生橡胶存在很多问题：它会从布料上整片脱落，完全用生橡胶制成的物品会在太阳下熔化，在寒冷的天气里会失去弹性。查尔斯·固特异对改善橡胶的性能着了迷。他瞎碰运气地开始了自己的实验，身边所有的东西，如盐、辣椒、糖、沙子、蓖麻油甚至菜汤，他都一一掺进干橡胶里去做试验。他认为如此下去，早晚他会把

> 世界上的东西都尝试一遍，总能在这里面碰到成功的组合。查尔斯·固特异因此负债累累，家里只能靠土豆和野菜根勉强度日。据传说，那时如果有人来打听如何才能找到查尔斯·固特异，小城的居民都会这样回答："如果你看到一个人，他穿着橡胶大衣、橡胶皮鞋，戴着橡胶圆筒礼帽，口袋里装着一个没有一分钱的橡胶钱包，那么毫无疑问，这个人就是查尔斯·固特异。"人们都认为他是个疯子，但是他顽强地继续着自己的探索。直到有一天，当他用酸性蒸汽来加工橡胶的时候，发现橡胶得到了很大的改善，他第一次获得了成功。此后他又做了许多次"无谓"的尝试，最终发现了使橡胶完全硬化的第二个条件：加热。当时是 1839 年，橡胶熟化方法就是在这一年被发明出来的。但是直到 1841 年，查尔斯·固特异才选配出获取橡胶的最佳方案。

查尔斯·固特异的一生只解决了一个难题，但他已是非常幸运的，大多数研究者在解决类似的难题时，往往用一生的时间也没有任何结果。

试错法的成果在 19 世纪是非常卓著的。电动机、发电机、电灯、变压器、山地掘进机、离心泵、内燃机、钻井设备、转化器、炼钢平炉、钢筋混凝土、汽车、地铁、飞机、电报、电话、收音机、电影、照相等发明，都是由试错法带来的。如何来解释这种神速的进步呢？虽然试错法效率很低，但是这种方法仍然没有失去它担当解决创造性难题重任的能力。这是因为：其一，时代出现了科学和技术的联盟；其二，在技术创造中涌入了越来越多的发明家和研究人员；其三，对显而易见的（不需要深入研究的）自然效应和现象的研究及它们在技术中的直接应用继续进行着，因为当时的技术系统相对来说比较简单。然而实际中常常会出现一些棘手的创造性难题，依靠试错法解决它们至少要耗费几十年的时间。这些难题并不都是那么复杂，但就算是简单的问题，试错法也常常束手无策，无计可施。

试错法是一条漫长的路，需要大量的牺牲和浪费许多不成功的样品。在尝试 10 种、20 种方案时是非常有效的，但在解决复杂任务时，则会浪费大量的精力和时间。随着技术的加快发展，试错法越来越不适应需要。例如，为了筛选出最理想的核反应堆或快速巡洋舰，人们不可能建造几千个来逐一尝试。

试错法即猜测 – 反驳法，因而它的运作分两步进行，即猜测和反驳。

（1）猜测

猜测是试错法的第一步，没有猜测，就不会发现错误，也就不会有反驳和更正。猜测在一定意义上就是怀疑，这种怀疑不是为了怀疑而怀疑，而是为了发现问题、更正问题，是科学的、审慎的态度。我们的认识一方面来自于观察、实践，另一方面来自于大脑中已有的知识储存。然而，大脑中的知识储存并不是原封不动地被吸引、利用，而只能是有选择地、批判地吸引、利用，这就需要猜测、怀疑，对已往知识进行修正，修正过的知识方可融进新的认识和理论之中。

猜测之所以被运用，还在于我们对事物的认识，虽然已掌握了部分事实材料，但还是不能清晰地、完整地把握事物。此时，我们不能等到事物的本质全部自动呈现之时，而是要积极地创造条件，使之尽快暴露出来，并积极地进行猜测、审查，以期从已有事实中发现新东西。猜测离不开直觉和想象。从这方面讲，猜测同创造性思维紧密相连，可归入创造性思维之列。

但是，猜测不是胡乱地想象、随意地编造。它除了要尊重已有的事实外，还须符合：

① 简单性要求　即经猜测而得的设想必须简单明了，必须让人一看就明白新设想"新"在何处，它与旧认识的关联何在等；

② 可以独立地检验　即新设想除了可以解释预定要解释的东西之外，它还必须具有一些可以接受检验的新推论，否则，它仍然停留在原有认识水平上，例如，我们在写一份分析报告时，先陈述已有的某方面成就及其不足，提出自己的新主张，然后还必须从自己的新主张中推论出几种建设性意见或几条重要结论；

③ 尽可能获得成功和较长久地不被替代、推翻　之所以猜测、怀疑原有认识，就是为了确立新认识和理论。如果新理论不追求成功、长时间有效，猜测就毫无必要了。

上述三个要求符合试错法的基本精神。

（2）反驳

反驳是试错法的第二步。没有反驳，猜测就是一厢情愿且可能错误重重的设想。反驳就是批判，就是在初步结论中寻找毛病，发现错误，通过检验确定错误，最后排除错误的思维过程。排除错误是试错法的目的，也是它的本质。因为不能排除错误，认识就不能得到提高，就不可能从错误丛生中走出来。所以，人类高明于动物的地方，其中之一就是能够排除错误，以免干扰新的认识。而动物能够发现错误，但不能排除，从而导致它以后的重犯，并最终导致灭亡。对于人，如果发现前进的路上布满地雷，并发现了地雷的位置而不能排除的话，人们就很难通过此路，即使通过了，也会给后来人留下了死亡陷阱。所以，通过批判和排除错误，反驳也就可以确保理论的错误减少或不增加，确保理论被接受和运用。

从上述可以推出，反驳就是一种"从错误中学习"的方法。没有错误，人类就无法前进，科学也无法发展。生活中的每项方针、政策，都是在吸取以前经验的基础上制定的，科学的重大发现也是在无数次错误、排除错误，再错误、再排除的无限交替中实现的。如"六六六"药粉的发现，就得名于它是在经历了 666 次试验之后才获成功这一事实。永远正确的只能是上帝（其实，上帝也犯过错误，如没有警惕蛇的狡猾和善恶果会被人吃），永远犯错误只能是百分之百的傻瓜。我们既非上帝也非傻瓜，而是介于两者之间的常人，因而我们会犯错误，但是，我们能够从错误中学习。

试错法就是猜测与反驳的结合。这种方法同假设-演绎法有相同之处，也有不同之处。假说方法是先根据事实，确立一个假说，然后寻求证据，支持它、证实它；而试错法却似乎正相反，它是对已有认识的试错，即不是找正面论据，而是寻求推翻它、驳倒它的例子，并排除这些反例，从而使认识更加精确、科学。所以，这两种方法在方向上是相对立的，但在动机和目的上是相同的：证实某一理论并赋予它更多的科学性。如果说假说方法是正面的，那么试错法就是反面的。这两种方法的交叉使用，定会使我们的行动获得成功。

3.2.2　头脑风暴法

头脑风暴法（brainstorming）简称 BS 法，又名智力激励法、脑轰法、畅谈会法、群议法等，发明者是现代创造学的创始人、美国 BBDD 广告公司副经理阿历克斯·奥斯本。奥斯本于 1938 年首次提出头脑风暴法，最初用于广告设计，是一种集体创造性思维方法。"头脑风暴"的概念源于医学，原指精神病患者头脑中短时间出现的思维紊乱现象，称为脑猝变。病人发生脑猝变时会产生大量各种各样的胡乱想法。创造学中借用这个概念比喻思维高度活跃、打破常规的思维方式而产生大量创造性设想的状况。头脑风暴法是运用群体创造原理，充分发挥集体创造力来解决问题的一种创新思维方法。其中心思想是，激发每个人的直觉、灵感和想象力，让大家在和睦、融洽的气氛中自由思考。不论什么想法，都可以原原本本地讲出来，不必顾虑这个想法是否"荒唐可笑"。

现在世界上大约有十几种头脑风暴的形式，如个人的、双人的、多阶段的、分阶段的、想法研讨式的、受控会议式的等。所有这些方式都不如单纯的头脑风暴有效，因为试图控制自然力作用过程的企图，恰恰损害了头脑风暴中最有价值的架构——为非理性想法的出现创造条件。使用头脑风暴法可分为两步走，首先是利用头脑风暴产生想法，然后对想法进行过滤。

假设甲、乙、丙 3 个人进行头脑风暴。

第 1 步：发散思维。由于 3 个人的知识结构不同，对同一个问题求解的出发点不同，每个人先在自己熟悉的领域及附近发表意见。丙沿方向 A 提出设想，乙在此基础上向方向 B 延伸，甲又沿方向 C 延伸，方向（A—B—C）形成了"思路"。然后进行第二次头脑风暴，甲、乙、丙分别使设想向 D、E、F 延伸，方向（D—E—F）形成了另一条"思路"。小组的讨论结果可形成多条思路。

第 2 步：集中思维。对大量的思路进行筛选分析，确定可能的问题"解"。本步骤将耗费大量的时间和精力，而且存在取舍的选择难度，所以效率低下。许多问题的解决都因为这个步骤而延误时间。

（1）头脑风暴法的要求

为使与会者畅所欲言，互相启发和激励，达到较高效率，必须严格遵循下列原则。

① 禁止批评和评论，也不要过分自谦，彻底防止出现一些"扼杀性语句"和"自我扼杀语句"。在别人设想的激励下，集中全部精力开拓自己的思路。

② 目标集中，追求设想数量越多越好。在智力激励法实施会上，只强调大家提设想，越多越好。会议以谋取设想的数量为目标。

③ 鼓励巧妙地利用和改善他人的设想，这是激励的关键所在。每个与会者都要从他人的设想中激励自己，从中得到启示，或补充他人的设想，或将他人的若干设想综合起来提出新的设想等。

④ 与会人员一律平等，各种设想全部被记录下来。与会人员不论是该方面的专家、员工，还是其他领域的学者，以及该领域的外行，一律平等。各种设想，不论大小，甚至是最荒诞的设想，记录人员也要认真地将其完整地记录下来。

⑤ 主张独立思考，不允许私下交谈，以免干扰别人思维。

⑥ 提倡自由发言，畅所欲言，任意思考。

⑦ 不强调个人的成绩，应以小组的整体利益为重，注意和理解别人的贡献，人人创造民主环境，不以多数人的意见阻碍个人新观点的产生，激发个人追求更多更好的主意。

（2）头脑风暴实施程序

头脑风暴法的具体运作程序通常分为五个步骤。

① 确定选题　头脑风暴法适合解决单一明确的问题，不适合处理复杂、面广的对象。对于后者可分解成若干个小课题，逐个解决。

② 会前准备　会前应该对会议参与人、主持人和选题任务进行落实，必要时可进行

柔性训练。

　　a. 选定理想的主持人，善于启发和鼓励。

　　b. 组成头脑风暴法小组，小组成员不一定全是专家。

　　c. 会议之前通知与会成员，告诉会议目的，以便事前做些准备工作，但要防止造成先入为主的后果。

　③ 热身　"热身"的目的在于使与会者逐步地全身心地投入，使大脑进入最佳启动状态。

　④ 小型会议　小型会议的与会者以 5～10 人为宜，人多了很难使与会者充分发表意见。会议时间大约为半小时到 1 小时。由主持人宣布议题后，即可启发、鼓励大家提出设想。

　⑤ 加工处理　一旦集体讨论结束，马上检查记录结果，开始对各种回应进行评价。

案例分享

　　盖莫里公司是法国一家拥有 300 人的中小型私人企业，该企业生产的电器有许多厂家和它竞争市场。为了提高产品的竞争力，发挥企业员工的创造性，该企业的销售负责人在自己公司成立了一个创造小组。

　　整个小组（约 10 人）被安排到了一个农村的小旅馆里，以避免外部的电话或其他干扰。第一天全部用来训练，通过各种训练，组内人员开始相互认识，关系逐渐融洽，很快都进入了角色。第二天，他们开始创造力训练，训练内容涉及头脑风暴法以及其他方法。他们要解决的问题是为一款新产品命名。

　　经过两个多小时的激烈讨论后，小组人员共为它取了 300 多个名字，主管则暂时将这些名字保存起来。

　　第三天一开始，主管便让大家根据记忆，默写出昨天大家提出的名字。在 300 多个名字中，大家记住了 20 多个。然后主管又在这 20 多个名字中筛选出三个大家认为比较可行的名字。再将这些名字征求顾客意见，最终确定了一个。

　　结果，新产品一上市，便因为其新颖的功能和琅琅上口、让人回味的名字，受到了顾客热烈的欢迎，迅速占领了大部分市场，在竞争中击败了对手。

 应用练习

（1）规则和程序

参与人数：5～7 人一组；

时间：15 分钟；

材料：铅笔或者其他任何物品；

场地：不限，最好是带沙发的舒舒服服的休息室。

① 确定一样物品，比如可以是铅笔或者其他任何东西，让学员在 1 分钟以内想出尽可能多的用途。

② 5～7 人为一个小组，每个组选出一人记载本组所想出的用途的数量，1 分钟之后，推

选出本组中最新奇、最疯狂、最具有建设性的用途，想法最多、最新奇的组获胜。

③ 规则

a. 不许有任何批评意见，只考虑想法，不考虑可行性。

b. 想法越古怪越好，鼓励异想天开。

c. 可以寻求各种想法的组合和改进。

（2）相关讨论

① 你是否会惊叹于人类思维的奇特性，惊叹于不同人想法之间的差异性？

② 头脑风暴对于解决问题有何好处？它适于解决什么样的问题？

（3）总结

① 人的大脑是一个无比神奇的器官，它所蕴藏的力量是无法估量的。在短时间内聚精会神地努力搜索大脑，会有助于许多创造性思维的提出。

② 不要嘲笑人们的异想天开，要知道科技和人类的进步正是建立在一项一项异想天开的想法基础上的。试想，如果不是古人一直希望像鸟儿一样在天空飞翔，又怎么会有莱特兄弟历尽艰辛去制造飞机？如果没有千里传音的想象，又怎么会有现在电话的产生？

③ 在解决问题的时候，头脑风暴往往用来解决诸如创意之类的难题，但是它还取决于一个环境氛围的因素，只有在一个民主、完全放松的环境中，人们才能异想天开地解决问题。所以说，如果公司没有发挥好头脑风暴法的作用，那并不是他们的员工缺乏创意，而是公司缺乏一个民主的氛围！

3.2.3 缺点列举法

俗话说：金无足赤，人无完人。世界上任何事物不可能十全十美，总是会存在这样或那样的缺点。如果有意识地分析列举现有事物的缺点，并提出改进设想，便可能有创新想法的产生，相应的创新技法就叫做缺点列举法。

任何事物总有缺点，但人们总是期望事物能至善至美。这种客观存在着的现实与愿望之间的矛盾，是推动人们进行创造的一种动力，也是运用缺点列举法进行创新的客观基础。

缺点列举法可帮助你选题，它属于选题的方法，且是一种易于掌握、被广泛采用的方法。这种方法很简单，但有个应用前提，那就是要"常见生疑"。

《三十六计》的第一计叫做"瞒天过海"，其意为"备周则意怠，常见则不疑"，说的是认为防备十分周到的时候就容易松懈斗志，麻痹轻敌；而对于平时看惯了的事物，便习以为常，不再怀疑了。

对于创新来说，常见不疑的心理也极大地影响了人们的创新活动和创新效果。带着这样的心理很难看到事物的"问题"，而问题意识的缺乏，恰恰是创新的首要敌人。看不到问题，久而久之，人们就容易形成思维定式，就很难突破。

缺点列举法可以帮助我们突破"问题感知障碍"，启发我们发现问题，找出事物的缺点和不足，从而有针对性地进行创新和发明。

用这种方法不需要高深的学问，只需要抛弃安于现状的心理状态，培养"吹毛求疵"的作风，就能取得创新的成果。当然，对于企业来说，如果能站在消费者的立场，切实解决产品的缺点，就能进一步满足消费者的需求，从而得到市场的认可，带来可观的效益。

案例分享

他的头像应该被印在 20 美元的正面

1969年美国汉华银行位于纽约的洛克维尔分行开业时发布了一则广告，"我行将于9月2日早上9点正式营业，但此后永不打烊"。什么，银行永远不关门？没错，因为他们安装了 Doeutel 公司卖出的第一台 ATM。

ATM，也就是自动柜员机，被称为20世纪最重要的金融发明。对于这项发明，美国人评价道："无论是谁发明了 ATM，他的头像都应该被印在 20 美元的正面。"英国媒体评价称："自动柜员机给我们的经济生活带来了一场革命，使我们向一个24小时自助式消费社会转化。"

ATM 就是因为人们不堪忍受到银行取款时排队之苦而研制的。那么是谁率先发明了 ATM 呢？

尽管 ATM 改变了现代社会人们的消费习惯，但其创造者却没能像爱迪生一样因一件伟大的产品而青史留名。一直以来，关于谁是自动柜员机的发明者流传着许多不同的版本，不过普遍公认的是唐·维泽尔。

1968年的一天中午，维泽尔趁午休时间去公司附近的一家银行取款，谁料那天银行里排起了长队，这令维泽尔十分焦虑，担心自己不能准点回去。那时美国银行的汇兑支票、收提现金、咨询账目都要由出纳员经办。维泽尔想："出纳员做的事情为什么不能用一台机器代替呢？"

随后他把自己的想法告诉了公司，并建议公司生产这种能代替出纳员的机器。维泽尔所在的 Docutel 公司采纳了他的建议，并对这个项目投资了500万美元，同时让维泽尔和其他几个工程师共同负责这个项目。1969年，第一台真正意义上的 ATM 机走下了流水线，它不仅可以用来提款，还可以用以存款和转账。

1973年，Docutel 公司有先见之明地申请了专利，这使得 Docutel 公司以及维泽尔成了今天有法可查的 ATM 之父。

让我们还回到1969年。当时 ATM 并没能帮助汉华银行洛克维尔分行在当地打开市场，因为在那时的纽约人看来，机器似乎并不足以让人信任，毕竟这关系到自己的钱财。

真正让 ATM 广泛伫立于纽约各地，进而进军世界各地的是花旗银行和一场特大的暴风雪。时任花旗银行掌门的沃斯通看好 ATM 的未来，他投入了1.6亿美元使花旗的 ATM 覆盖了纽约。有意思的是，在花旗银行的 ATM 之前，另一样东西提前覆盖了纽约——1978年末的一场暴风雪。市民们不愿在这种天气里去银行排长队，花旗银行又恰到好处地发布了广告，ATM 就从这场暴风雪后开始深入人心。

① 选定某项事物，有形的、无形的、工作上的、生活中的均可。

② 运用扩散思维尽可能多地列出现有事物的各种缺点。
③ 找出急需解决的 1～2 个缺点。
④ 围绕主要缺点，应用各种创新思维尽可能多地提出解决方案。
⑤ 从众多的解决方案中选出一个最佳方案加以实施。

在训练过程中，需要说明的一个问题是对于初学者来说，到底从哪里入手寻找事物或产品的缺点呢？有些朋友可能会对此感到茫然。下面给出几个找缺点的思路，供大家参考。

思路一　从事物的功能和用途入手。这属于事物的动词属性。

例如，圆珠笔是市场中销售量很大的一种产品，它的基本功能是书写。但是在没有灯光的黑夜中，书写功能就不能实现。这就是个很大的缺点呀！因此，人们在圆珠笔的另一端加上了一个小灯，从而给夜间在野外工作的人（像野战部队）提供了极大的方便。

再比如，圆珠笔还有一个缺点，就是天气很冷时就影响书写，因为里面的油墨被"冻住"了。于是有人想到了增加一个保温层来解决这个问题。

还有，人们用圆珠笔来写字，但这个字是否是用正确的握笔姿势写出来的，圆珠笔却管不了，对于刚学写字的儿童来说，这很重要，所以还可以给圆珠笔增加一个正确的握笔姿势功能，也就是说它同时是个握笔器。

……

思路二　从事物的构成入手，比如结构、材质、制造方法等。这属于事物的名词属性。

圆珠笔现有的材质和结构需要改进吗？包括笔杆、笔帽、笔芯、笔珠、油墨、弹簧等。现有的材质有哪些缺点呢？笔帽不是很容易丢掉吗？可以改用哪些材质来解决这一问题？塑料、竹子、木头、钢、不锈钢、磁铁、铝或者用纸？

……

思路三　从对事物的描述方面入手，比如色彩、造型、长短、轻重、大小等。这是事物的形容词属性。

现有的圆珠笔颜色需要改进吗？为什么不多生产些绿色的、对眼睛有保护作用的呢？造型单调吗？可以改进成哪些样子？大小可以变化吗？……

要养成两个好的习惯：一个是要随时持批判的眼光，尤其是第一次遇到一个新事物时，更要增强问题意识；二是要随时做记录，一般来说，对事物的认识，包括发现它的缺点，提出改进方案，都可能有个过程，思想的火花可能随时出现，因此要及时记录下来。

应用练习

现在的雨伞有哪些缺点？请思考后列举出来，并试着构思解决方案。

3.2.4　和田十二法

和田十二法，又叫"和田创新法则"（和田创新十二法），即指人们在观察、认识一个事物时，可以考虑是否能够将该事物"加一加""减一减""扩一扩"等。和田十二法是我国学者许立言、张福奎在奥斯本检核问题表基础上，借用其基本原理加以创造而提出的一种思维技法。它既是对奥斯本检核问题表法的一种继承，又是一种大胆的创新。比如，其中的"联一联""定一定"等，就是一种新发展。同时，这些技法更通俗易懂，简便易行，便于推广。

（1）加一加

考虑能在这件东西上添加些什么吗？需要加上更多时间或次数吗？把它加高一些、加厚一些行不行？把这样东西跟其他东西组合在一起会有什么结果？

例如，拐杖雨伞如图 3-5 所示，可上网拍照雨伞如图 3-6 所示。

图 3-5　拐杖雨伞

图 3-6　可上网拍照雨伞

（2）减一减

考虑可在这件东西上减去些什么吗？可以减少些时间或次数吗？把它降低一点、减轻一点行不行？可省略、取消什么东西呢？

例如，无轮毂自行车如图 3-7 所示，无叶风扇如图 3-8 所示。

图 3-7　无轮毂自行车

图 3-8　无叶风扇

（3）扩一扩

考虑把这件东西放大、扩展会怎样？加长一些、增强一些能不能提高速度？

例如，多人自行车如图 3-9 所示；扩大牙膏口径如图 3-10 所示。

图 3-9　多人自行车

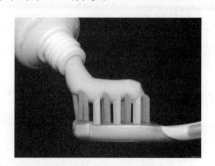

图 3-10　扩大牙膏口径

(4)缩一缩

考虑把这件东西压缩、缩小会怎样?拆下一些、做薄一些、降低一些、缩短一些、减轻一些、再分割得小一些行不行?

例如,微型相机如图 3-11 所示;迷你折叠自行车如图 3-12 所示。

图 3-11 微型相机

图 3-12 迷你折叠自行车

(5)变一变

改变一下形状、颜色、音响、味道、运动、气味、型号、姿态会怎样?改变一下次序会怎样?

例如,变色镜片如图 3-13 所示;变色雨伞如图 3-14 所示;变形西瓜如图 3-15 所示。

图 3-13 变色镜片

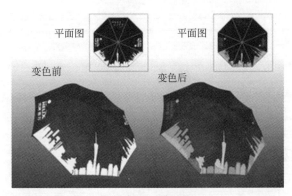

图 3-14 变色雨伞

图 3-15 变形西瓜

（6）改一改

这件东西还存在什么缺点？还有什么不足之处需要加以改进？它在使用时是否给人们带来不便和麻烦？有解决这些问题的办法吗？这件东西可否挪作他用？或保持现状，做稍许改变？

例如，全国首款石墨烯柔性手机如图3-16所示；反向伞如图3-17所示。

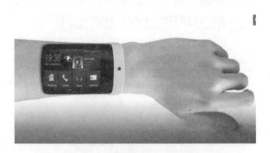

图3-16　全国首款石墨烯柔性手机

（7）联一联

某个事物的结果跟它的起因有什么联系？能从中找到解决问题的办法吗？把某些东西或事情联系起来能帮助我们达到目的吗？

例如，发光枕头如图3-18所示。

图3-17　反向伞

图3-18　发光枕头

案例分享

澳大利亚曾发生过这样一件事：在收获季节里，有人发现一片甘蔗田里的甘蔗产量提高了50%。这是由于甘蔗栽种前一个月，有一些水泥洒落在这块田地里。科学家们分析后认为，是水泥中的硅酸钙改良了土壤的酸性，从而导致甘蔗的增产。这种将结果与原因联系起来的分析方法，经常能使我们发现一些新的现象与原理，从而引出发明。由于硅酸钙可以改良土壤的酸性，于是人们研制出了改良酸性土壤的"水泥肥料"，如图3-19所示。

图3-19　水泥肥料

（8）学一学

有什么事物和情形可以让自己模仿、学习一下吗？模仿它的形状、结构、功能会有什么结果？学习它的原理、技术又会有什么结果？

例如，鸟巢如图 3-20 所示；鲨鱼、泳衣如图 3-21 所示。

图 3-20 鸟巢

图 3-21 鲨鱼、泳衣

（9）代一代

这件东西能代替另一样东西吗？如果用别的材料、零件、方法行不行？换个人做、使用其他动力、换个结构、换个音色行不行？换个要素、模型、布局、顺序、日程行不行？

例如，人工心脏如图 3-22 所示；蜡像如图 3-23 所示。

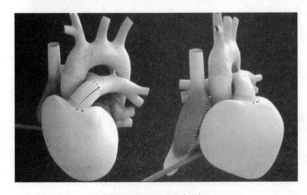

图 3-22 人工心脏　　　　图 3-23 蜡像

（10）搬一搬

把这件东西搬到别的地方，还能有别的用处吗？这个想法、道理、技术搬到别的地方，也能用得上吗？可否从别处听取到意见、建议？可否借用他人的智慧？

例如，雪橇自行车如图 3-24 所示，双后轮自行车如图 3-25 所示。

图 3-24　雪橇自行车

图 3-25　双后轮自行车

（11）反一反

如果把一件东西、一个事物的正反、上下、左右、前后、横竖、里外颠倒一下，会有什么结果？世界上很多的发明都是通过反向思维而获得的灵感。

例如，疯狂房屋如图 3-26 所示；吹尘器和吸尘器如图 3-27 所示。

图 3-26　疯狂房屋

图 3-27　吸尘器

（12）定一定

为了解决某个问题或改进某样东西，为了提高学习、工作效率，防止可能发生的事故或疏漏，需要规定些什么吗？

例如，交通规则（图 3-28）、安全章程等。

图 3-28　交通规则

3.3　TRIZ 的创新思维方法

相对于头脑风暴法、试错法等传统的创新方法，TRIZ 理论具有鲜明的特点和优势，对研发或解决问题的思路有明确的指导性，避免了耗费大量人力、物力、财力的盲目试错，让解决产品问题变得有律可循，有术可依，给技术创新留下了巨大的、易操作的空间，让创新不再是一个概念或一句口号。TRIZ 理论中突破思维惯性的方法有很多，如最终理想解、金鱼法、九屏幕法、STC 算子法、小人法等。由五种创新思维方法解决发明问题的程式化过程如图 3-29 所示，组合应用的详细流程如图 3-30 所示。

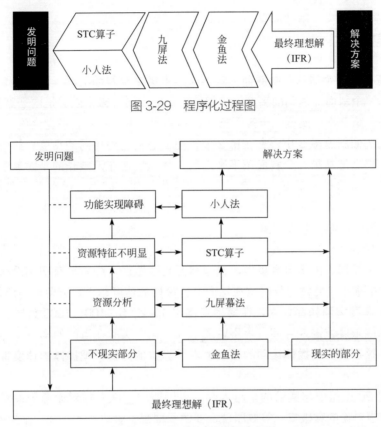

图 3-29　程序化过程图

图 3-30　组合应用的详细流程

3.3.1　最终理想解

TRIZ 理论在解决问题之初，首先抛开各种客观限制条件，通过理想化来定义问题的最终理想解（Ideal Final Result，IFR），以明确理想解所在的方向和位置，保证在问题解决过程中沿着此目标前进并获得最终理想解，从而避免了传统创新设计方法中的缺乏目标的弊端，提升了创新设计的效率。不是永远都能达到最终理想解，但是它能给问题的解决指明方向，也有助于克服思维惯性。

（1）理想化简介

① 理想化方法　理想化方法是科学研究中创造性思维的基本方法之一。它主要是在大脑中设立理想模型，把对象简化、钝化，使其升华到理想状态，通过理想实验的方法来研究客体运动的规律。一般的操作程序为首先对经验事实进行抽象，形成一个理想客体，然后通过思维的想象，在观念中模拟其实验过程，把客体的现实运动过程简化，并上升为一种理想化状态，使其更接近理想指标。如数学中的"点""线"和物理中的忽略摩擦力的存

在，都是理想化的模型。中国古代著名的军事家孙武在《孙子兵法》中给出了战争的理想化结果——"不战而屈人之兵"，战争的过程是空的，但战争的功能存在，不需要战争的过程就获得战胜敌人的结果，这就是兵法的最高境界。科学历史上，很多科学家正是通过理想化获得划时代的科学发现，如伽利略的惯性原理、牛顿的抛体运动实验等。

  知识链接

伽利略注意到当一个球从一个斜面上滚下又滚上第 2 个斜面上时，球在第 2 个斜面上所达到的高度同在第一个斜面上达到的高度近似相等。他断定这一微小差异是由于摩擦影响的结果，如果将摩擦消除，第 2 次的高度完全等于第一次的高度。他又推想，在完全没有摩擦的情况下，不管第 2 个斜面的倾斜度多么小，它在第 2 个斜面上总会达到相同的高度。如果第 2 个斜面的斜度完全消除，那么球从第一个斜面滚下来之后，将以恒速在无限长的平面上永远不停地运动下去。当然，这个实验是一个理想实验，无法真实地操作，因为永远也无法把摩擦力消除尽，也无法找到和制作一个无限长的平面。伽利略是理想实验的先驱，后来牛顿把伽利略的惯性原理确立为动力学第一定律：惯性定律。

牛顿继承了伽利略的传统，在思索万有引力问题时也设计了一个著名的理想实验：抛体运动实验。一块石头投出，由于自身重力，被迫离开直线路径，如果单有初始投掷，理应按直线运动，但却在空中描出了曲线，最终落在地面上，投掷的速度越大，它落地前走得越远。于是，我们可以假设当速度增到如此之大，在落地前描出 1、2、5、100、1000 英里长的弧线，直到最后超出了地球的限度，进入空间，永不触及地球。这个实验在当时的物质条件下是无论如何不能实现的。牛顿在真实的抛体运动的基础上发挥思维的力量，把抛体的速度推到地球引力范围之外。

爱因斯坦是 20 世纪理想实验的卓越大师。爱因斯坦的狭义相对论源于追光理想实验。爱因斯坦创建广义相对论的突破口：等效原理，亦源于理想实验。

卢瑟福的原子有核模型是科学史上最著名的理想模型之一。1907 年，卢瑟福为了验证他导师的原子模型，建议研究生盖革和马斯登观察镭发射出的高速 α 粒子穿过薄的金属箔片后的偏转情况，结果出人意料。卢瑟福以 α 粒子实验为事实根据，发挥思维的力量，建立起了类似太阳系结构的原子有核模型，开创了原子能时代。

② TRIZ 中的理想化　TRIZ 理论中，在问题解决之初，先抛开各种限制条件，设立各种理想模型，即最优化的模型结构，来分析问题，并以取得最终理想解作为终极追求目标。

理想化模型包含所要解决的问题中涉及的所有要素，可以是理想系统、理想过程、理想资源、理想方法、理想机器、理想物质等。

理想系统就是既没有实体和物质，也不消耗能源，但是能实现所有需要的功能，而且不传递、不产生有害的作用（如废弃物、噪声等）。

理想过程就是只有过程的结果，无需过程本身，提出了需求后的瞬间就获得了所需要的结果。

理想资源就是存在无穷无尽的资源，随意使用，而且不必付费（如空气、重力、阳光、风、泥土、地热、地磁、潮汐等)。

理想方法就是不消耗能量和时间，仅通过系统自身调节就能够获得所需的功能。

理想机器就是没有质量、体积，但能完成所需要的工作。

理想物质就是没有物质，功能得以实现。

③ 理想化水平　因为理想化包含多种要素，模型的层次分为最理想、理想和次理想，衡量系统的理想化程度须引入一个新的参数——理想化水平。

理想化是系统的进化方向，不管是有意改变还是系统本身进化发展，系统都在向着更理想的方向发展。系统的理想程度用理想化水平来进行衡量。

我们知道，技术系统是功能的实现，同一功能存在多种技术实现方式，任何系统在完成人们所期望的功能中，同时亦会带来不希望的功能。TRIZ 中，用正反两面的功能比较来衡量系统的理想化水平。

理想化水平衡量公式：

$$I = \Sigma UF/\Sigma HF$$

式中　I——理想化水平；

ΣUF——有用功能之和；

ΣHF——有害功能之和。

从公式可以得到：技术系统的理想化水平与有用功能之和成正比，与有害功能之和成反比。理想化水平越高，产品的竞争能力越强。创新中以理想化水平增加的方向作为设计的目标。

根据公式，增加理想化水平有 4 个方向：

a. 增大分子，减小分母，理想化增加显著；

b. 增大分子，分母不变，理想化增加；

c. 分子不变，分母减少，理想化增加；

d. 分子分母都增加，但分子增加的速率高于分母增加的速率，理想化增加。

实际工程中进行理想化水平的分析，公式中的各个因子需要细化，为便于分析，通常用效益之和 (ΣB) 代替分子 (有用功能之和)，将分母 (有害功能之和) 分解为两部分：成本之和 (ΣC) 和危害之和 (ΣH)。

于是，理想化水平衡量公式变为：

$$I = \Sigma B/(\Sigma C + \Sigma H)$$

式中　I——理想化水平；

ΣB——效益之和；

ΣC——成本之和 (如材料成本、时间、空间、资源、复杂度、能量、重量……)；

ΣH——危害之和 (废弃物、污染……)。

根据上式，增加理想化水平 I 有以下 6 个方向：

a. 通过增加新的功能，或从超系统获得功能，增加有用功能的数量；

b. 传输尽可能多的功能到工作元件上，提升有用功能的等级；

c. 利用内部或外部已存在的可利用资源，尤其是超系统中的免费资源，以降低成本；

d. 通过剔除无效或低效率的功能，减少有害功能的数量；

e. 预防有害功能，将有害功能转化为中性的功能，减轻有害功能的等级；

f. 将有害功能移到超系统中去，不再成为系统的有害功能。

总之，理想化水平是一个综合表述技术系统成本、经济效益与社会效益的客观指标。它可以作为评估某项技术创新成果，评估某种引进技术，或者评估重大技术专项的重要评估指标。

④ 理想化方法　TRIZ 中的系统理想化按照理想化涉及的范围大小，分为部分理想化和全部理想化两种方法。在技术系统创新设计中，首先考虑部分理想化，当所有的部分理想化尝试失败后，才考虑系统的全部理想化。

部分理想化

部分理想化是指在选定的原理上，考虑通过各种不同的实现方式使系统理想化。

部分理想化是创新设计中最常用的理想化方法，贯穿于整个设计过程中。

部分理想化常用到以下 6 种模式。

a. 加强有用功能　通过优化提升系统参数、应用高一级进化形态的材料和零部件、给系统引入调节装置或反馈系统，让系统向更高级进化，获得有用功能作用的加强。

b. 降低有害功能　通过对有害功能的预防、减少、移除或消除，降低能量的损失、浪费等，或采用更便宜的材料、标准件等。

c. 功能通用化　应用多功能技术，增加有用功能的数量。比如手机还包含了播放器、收音机、照相机、掌上电脑、支付等通用功能，功能通用化后，系统获得理想化提升。

d. 增加集成度　集成有害功能，使其不再有害或有害性降低，甚至变害为利，以减少有害功能的数量，节约资源。

e. 个别功能专用化　功能分解，划分功能的主次，突出主要功能，将次要功能分解出去。比如，近年来汽车制造划分越来越细，元器件、零部件制造交给专业厂家生产，汽车厂家只进行开发设计和组装。

f. 增加柔性　系统柔性的增加，可提高其适应范围，有效降低系统对资源的消耗和空间的占用。比如，以柔性设备为主的生产线越来越多，以适应当前市场变化和个性化定制的需求。

全部理想化

全部理想化是指对同一功能，通过选择不同的原理使系统理想化。全部理想化是在部分理想化尝试失败无效后才考虑使用。

全部理想化主要有 4 种模式。

a. 功能的剪切　在不影响主要功能的条件下，剪切系统中存在的中性功能及辅助功能，让系统简单化。

b. 系统的剪切　如果通过利用内部和外部可用的或免费的资源后可省掉辅助子系统，则能够大大降低系统的成本。

c. 原理的改变　为简化系统或使得过程更为方便，如果通过改变已有系统的工作原理能达到目的，则改变系统的原理，获得全新的系统。

d. 系统换代　依据产品进化法则，当系统进入第 4 个阶段——衰退期，需要考虑用下一代产品来替代当前产品，完成更新换代。

⑤ 理想化设计　理想化设计可以帮助设计者跳出传统问题解决办法的思维圈子，进入超系统或子系统寻找最优解决方案。理想设计常常打破传统设计中自以为最有效的系统，

获得耳目一新的新概念。

理想设计和现实设计之间的距离从理论上讲可以缩小到零，这距离取决于设计者是否具有理想设计的理念，是否在追求理想化设计。虽然两者仅存一词之差，但设计结果却存在着天壤之别。

> **案例分享**
>
> ### 一磅金子
>
> 　　在一个实验室里，实验者在研究热酸对多种金属的腐蚀作用。他们将大约20个各种金属的实验块摆放在容器底部，然后泼上酸液，关上容器的门并开始加热。实验持续约2周后，打开容器，取出实验块，在显微镜下观察表面的腐蚀程度。
> 　　"真糟糕"，实验室主任说，"酸把容器壁给腐蚀了。"
> 　　"我们应该在容器壁上加一层耐酸蚀的材料，比如金子，"一位实验员说，"或者白金。"另一位实验员说。
> 　　"不行的。"主任说，"那需要大约1磅的金子，成本太高了！"突然，发明家诞生了！
> 　　"为什么一定要用金子呢？"发明家说"让我们看一下这个问题的模式来找到理想答案。"
> 　　从理想设计角度出发，容器是个辅助子系统，可以剪切。但是，酸液如何盛装呢？从理想化的几个方向看，容器功能可由实验中的实验块承担：将待实验块做成中空的，像杯子那样，然后将酸液注入杯中。实验后观察酸液对杯壁的腐蚀即可获得实验结果。整个系统显得如此简单。
> 　　（译自 Gerich S. Altshuller，And Suddenly the Inventor Appeared）

（2）最终理想解

① 正确理解 IFR 的概念　为了避免试错法、头脑风暴法等传统创新方法中思维过于发散、创新效率低下的缺陷，TRIZ 在解决问题之初，首先抛开各种客观限制条件，设立各种理想模型（即最优模型结构）来分析问题解决的可能方向和位置，并以取得最终理想解（IFR）作为终极追求目标，从而避免了传统创新设计方法中缺乏目标的弊端，提升了创新设计的效率。因而 IFR 又被称为"创新的导航仪"。

所谓最终理想解（IFR），是使产品处于理想状态的解。产品的理想状态常常用理想度来衡量。理想度的公式为

$$理想度 = \Sigma 有用功能 / \Sigma 有害功能 + 成本$$

由理想度公式分析可知，最理想的技术系统作为物理实体可能并不存在，但是却能够实现所有的必要功能。例如《一磅金子》故事中，希望容器作为物理实体并不存在的情况下，仍然能够保持样本与酸液的接触状态，其 IFR 就是样本自身完成容器的所有必要功能

（图3-31）。

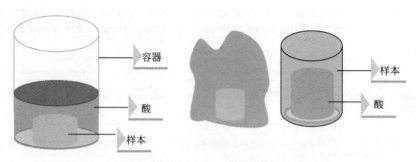

图 3-31 《一磅金子》

最终理想解是解决问题的关键所在，很多问题的 IFR 被正确理解并描述出来，问题就得到了解决。IFR 可以帮助设计者跳出思维惯性的怪圈，以 IFR 这一新的角度来认识定义问题，得到与传统设计完全不同的问题根本解决思路。

② 使用 IFR 的原则、技巧与步骤

IFR 使用原则：

a. 保持原系统的优点；

b. 消除原系统的不足；

c. 没有使系统变得更复杂；

d. 没有引入新的缺陷。

IFR 使用技巧：

a. 尽量利用现有的能量和资源实现有用功能，一方面能够"自我服务"来实现有用功能，另一方面又能够"自行"消除有害的、不足的或过度的作用，要善于利用"聪明"的材料或物质（例如《一磅金子》）；

b. 首先抛开各种客观限制条件，设定 IFR，从 IFR 反推回到现实问题，寻求解决方案。

IFR 使用步骤如下：

a. 设计的最终目的是什么？

b. 理想解是什么？

c. 达到理想解的障碍是什么？

d. 出现这种障碍的结果是什么？

e. 不出现这种障碍的条件是什么？创造这些条件存在的可用资源是什么？其他领域有类似的解决办法吗？

案例分享

农场养兔子的难题

农场主有一大片农场，放养大量的兔子。兔子需要吃到新鲜的青草，农场主不希望兔子走得太远而照看不到。现在的难题是，农场主不愿意也不可能花费大量的资源割草运回来喂兔子。这难题如何解决?

应用上面的5步骤,分析并提出最终理想解。

a. 设计的最终目的是什么?

兔子能够吃到新鲜的青草。

b. 理想解是什么?

兔子永远自己吃到青草。

c. 达到理想解的障碍是什么?

为防止兔子走得太远照看不到,农场主用笼子放养兔子,放兔子的笼子不能移动。

d. 出现这种障碍的结果是什么?

由于笼子不能移动,可被兔子吃到的笼下草地面积有限,短时间内草就被吃光了。

e. 不出现这种障碍的条件是什么?创造这些条件存在的可用资源是什么?其他领域有类似的解决办法吗?

当兔子吃光笼子下的青草时,笼子移动到另一块有青草的草地上,可用资源是兔子。

解决方案:给笼子装上轮子,兔子自己推着笼子移动,去不断地获得青草。

应用练习

割草机在工作中会产生很大的噪声,如何解决这个问题?请应用IFR分析提出解决方案。

3.3.2 金鱼法

(1)正确理解金鱼法的概念

金鱼法的名称源自俄罗斯普希金的童话故事"金鱼与渔夫",故事中描述了渔夫的愿望通过金鱼变成了现实,映射金鱼法是让幻想变为现实的寓意。金鱼法是从幻想式解决构想中区分现实和幻想的部分,然后再从解决结构的幻想部分分出现实与幻想两部分。这样的划分不断地反复进行,直到确定问题的解决构想能够实现时为止。采用金鱼法,将思维惯性带来的想法重新定位和思考,有助于将幻想式的解决构想转变成切实可行的构想。

(2)使用金鱼法的步骤(图3-32)

① 将问题分为现实和幻想两部分。

② 问题1:幻想部分为什么不现实?

③ 问题2:在什么条件下幻想部分可变为现实?

④ 列出子系统、系统、超系统的可利用资源。

⑤ 从可利用资源出发,提出可能的构想方案。

⑥ 选择构想中的不现实方案,再次回到第一步,重复以上步骤。

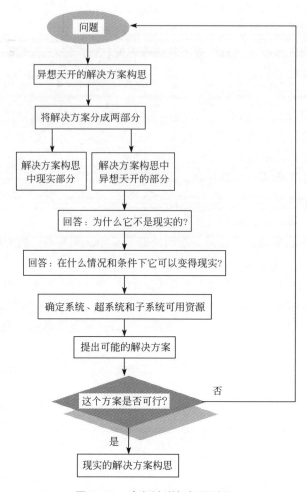

图 3-32　金鱼法详细解题流程

案例分享

埃及神话故事中会飞的魔毯曾经引起人们无数遐想，可现实生活中会有这样的魔毯吗？

问题：如何能让毛毯飞起来？

① 将问题分为现实和幻想两部分。

现实部分：毯子是存在的；

幻想部分：毯子能飞起来。

② 幻想部分为什么不现实？

毯子比空气重，而且它没有克服地球重力的作用力。

③ 在什么情况下幻想部分可变为现实？

施加到毯子上向上的力超过毯子自身的重力；毯子的重量小于空气的重量；地球引力消失，不存在。

④ 列出所有可利用资源。

超系统：空气、风（高能质子流）、地球引力、阳光、来自地球的重力。

系统：毯子、形状、重量。

子系统：毯子中交织的纤维。

⑤ 利用已有资源，基于之前的构想（第三步）考虑可能的方案。

方案一：毯子的纤维与太阳释放的微中子流相互作用可使毯子飞翔。

方案二：毯子比空气轻。

方案三：毯子在不受地球引力的宇宙空间。

方案四：毯子上安装了提供反向作用力的发动机。

方案五：毯子由于下面的压力增加而悬在空中（气垫毯）。

方案六：磁悬浮。

⑥ 选择构想中的不现实方案，再次回到第一步。

选择不现实的构想方案之一"毯子比空气轻"，重复以上步骤。

分为现实和幻想两部分。

现实部分：存在着重量轻的毯子，但它们比空气重；

幻想部分：毯子比空气轻。

为什么毯子比空气轻是不现实的？

制作毯子的材料比空气重。

在什么条件下毯子会比空气轻？

制作毯子的材料比空气轻；毯子像尘埃微粒一样大小；作用于毯子的重力被抵消。

结合可利用资源，考虑可行的方案：采用比空气轻的材料制作毯子；使毯子与尘埃微粒的大小一样，其密度等于空气密度，毯子由于空气分子的布朗运动而移动；在飞行器内使毯子飞翔，飞行器以相当于自由落体的加速度向下运动，以抵消重力。

哈佛大学的马哈德温教授成功展示了一个纸币大小的毯子在空中飞行，经计算101.6毫米长、0.1毫米厚的毯子飘浮在空中需要每秒振动大约10次，振幅大约为0.25毫米。圣安德鲁大学的利昂哈特教授已经确定出转变这种现象（即卡西米尔力）的方法，就是用排斥代替相互吸引，将导致摩擦力更小的微型机器的一部分悬浮在空中。原则上相同的效果能让更大的物体甚至是一个人漂浮起来，再次让魔毯向现实迈进一步。

1. 运动员在普通游泳池进行游泳训练需要反复掉头转弯，若能单向、长距离游泳会提高训练效果，但是这样就需要建造像河流一样的超大型游泳池，不仅造价高，占地面积也不允许。请应用金鱼法思考并提出解决方案。

2. 请应用金鱼法设想如何用空气赚钱？

 活动

小时候我们都玩过摆火柴棍的游戏,这游戏给我们的童年带来了无限的乐趣。现在让我们重温一下这个游戏。怎样用四根火柴棍摆成一个"田"字呢?

3.3.3 九屏幕法

(1)正确理解九屏幕法的概念

九屏幕法(多屏操作)是系统思维的方法之一,是 TRIZ 理论用于进行系统分析的重要工具,可以很好地帮助使用者进行超常规思维,克服思维惯性,被阿奇舒勒称为"天才思维九屏图"。

九屏幕法能够帮助人们从结构、时间以及因果关系等多维度,对问题进行全面、系统的分析。使用该方法分析和解决问题时,不仅要考虑当前系统,还要考虑它的超系统和子系统,不仅要考虑当前系统的过去和未来,还要考虑超系统和子系统的过去和未来。简单地说,九屏幕法就是以空间为纵轴,来考察"当前系统"及其"组成(子系统)"和"系统的环境与归属(超系统)";以时间为横轴,来考察上述 3 种状态的"过去"、"现在"和"未来"。这样就构成了一个九屏幕图解模型(图 3-33)。

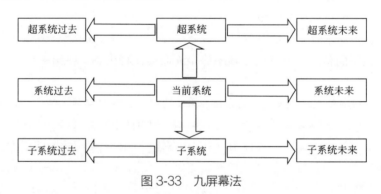

图 3-33 九屏幕法

当前系统是指正在发生当前问题的系统(或是指当前正在普遍应用的系统)。当前系统的子系统是构成技术系统之内的低层次系统,任何技术系统都包含一个或多个子系统。底层的子系统在上级系统的约束下起作用,底层的子系统一旦发生改变,就会引起高级系统的改变。当前系统的超系统是指技术系统之外的高层次系统。

当前系统的过去是指当前问题之前该系统的状况,包括系统之前运行的状况,其生命周期的各阶段的情况等。通过对过去事情的分析,找到当前问题的解决办法,以及如何改变过去的状况来防止问题发生,或减少当前问题的有害作用。

当前系统的未来,是指发现当前系统有这样的问题之后,该系统将来可能存在的状况,根据将来的状况,寻找当前问题的解决办法或者减少、消除其有害作用。

当前系统的"超系统的过去"和"超系统的未来",是指分析发生问题之前和之后超系统的状况,并分析如何改变这些状况来防止或减弱问题的有害作用。

当前系统的"子系统的过去"和"子系统的未来",是指分析发生问题之前和之后子系

统的状况,并分析如何改变这些状况来防止或减弱问题的有害作用。

(2)九屏幕法的主要作用与使用步骤

九屏幕法的主要作用是帮助我们查找解决问题所需的资源,所以它又形象地被称之为"资源搜索仪"。常言道"巧妇难为无米之炊",解决任何问题都需要使用资源。有些资源以显性形式存在,一般人都能发现并利用之,这类资源叫做"显性资源"。有些资源则以隐性形式存在,一般人不易发现,也就谈不上利用,这类资源叫做"隐性资源"。一个人的创新能力常常决定于他发现和利用资源的能力。

利用九屏幕法查找资源的思路与步骤如下:

① 从系统本身出发,考虑可利用的资源;
② 考虑子系统和超系统中的资源;
③ 考虑系统的过去和未来,从中寻找可利用的资源;
④ 考虑子系统和超系统的过去和未来。

案例分享

密封药瓶

当密封一个药瓶时(图3-34),把火苗对准瓶口。在火苗作用下虽然药瓶被密封了,但药瓶因过度受热,里面的药液会变质。如何解决这个问题呢?

应用九屏幕法进行分析,首先把密封药瓶的工艺流程、使用材料、工作环境等相关因素以"九屏幕模型"的形式表示如图3-35所示。

根据"九屏幕模型"的结构体系与显示出的资源,我们就可以有序地分析各种可能的解决方案,再根据IFR思想确定理想解即可。

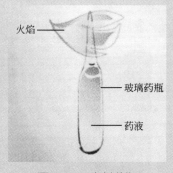

图3-34 密封药瓶

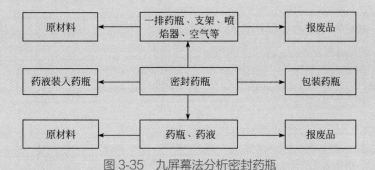

图3-35 九屏幕法分析密封药瓶

① 利用子系统资源,可能的解决方案有:
a. 通过改变药瓶的材料特性,使药液免于受热;

b. 通过改变药品与药瓶材料之间的相互作用,防止药瓶的热传至药液。
② 利用超系统资源,可能的解决方案有:
a. 通过改变药瓶在支架上的放置方式,使瓶口散失药瓶的过热;
b. 通过改进支架的形状,防止药瓶过度受热;
c. 使用喷焰器的气体冷却药品。
③ 从系统过去状态来考虑,可能的解决方案有:
药液装入药瓶时,预先对药液实施冷却。
④ 从系统未来发展的角度,可能的解决方案有:
寻找包装药品的新方法,使药瓶的密封没有必要,或不再使用火焰高温密封。

 应用练习

1. 大家都很喜欢近景魔术,尤其是扑克牌魔术都非常受大家喜欢。那么魔术师会利用哪些资源来帮助他把魔术变得更逼真和神奇呢?接下来我们就用九屏幕法来帮其找找资源吧。

扑克牌魔术:准备一副扑克牌,让你的朋友从这里随便抽出一张牌,如图3-36所示,就他自己能看见这张牌的点数,然后再告诉他等会儿你能猜出这张牌的花色和点数。

 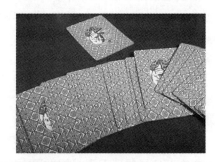

图3-36 扑克牌魔术

应用九屏幕法分析,首先把魔术前后扑克牌的相关因素以"九屏幕模型"图表示出来,如图3-37所示。

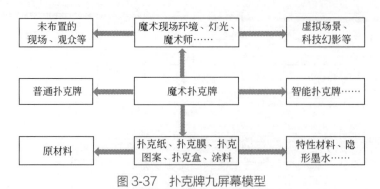

图3-37 扑克牌九屏幕模型

根据"九屏幕模型图",我们可以分析各种可用资源并提出方案。请大家也尝试一下吧!

2. 测量毒蛇的长度

为了研究,需要测量动物园里毒蛇的长度,这种毒蛇攻击性很强,人不能靠近。动物组织也在关注这个事情,因此不能为了研究而伤害它。请你用九屏幕法分析并提出解决方案。

3.3.4 STC 算子法

(1)正确理解 STC 算子的概念

STC 算子是一种日常简单的工具,它以极限的方式想象系统来打破思维定式。其三个字母的含义分别为:

S　SIZE,代表尺度;

T　TIME,代表时间;

C　COST,代表成本。

STC 算子控制这三个因素的变化来找出相应的解决办法。如把系统想象为很小(甚至不存在),思考如何来建立这样的系统,会遇到哪些难题?它会带来什么益处?然后在相反的极限上想象系统,即想象系统无限大,并思考如何来建立这样的系统?会遇到哪些难题?它会带来什么益处?

同样,可以针对时间(瞬间发生,或者要花费无限长的时间)和成本(系统免费,或者要花费无限多的资金)来实行此类想象。尽管工具很简单,但它却可真实地看待系统,找出想从系统中得到的东西,并且非常有效。另外,它还有助于排除所有虚假的约束条件。

STC 算子是一种让我们的大脑进行有规律的、多维度思维的发散方法,比一般的发散思维和头脑风暴能更快地得到我们想要的结果。

案例分享

树的 STC 算子

如果把树按照尺寸(S)、生长时间(T)和成本(C)三个方向进行维度变化,如图 3-38 所示,树的各种特征充分地表现出来,我们可以根据要解决的问题性质,选取所需要的资源。

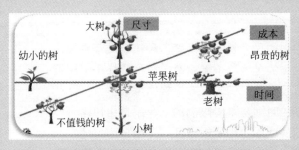

图 3-38　树的 STC 算子

（2）使用 STC 算子的步骤与原则

STC 算子是将尺寸、时间和成本因素进行一系列变化的思维实验，其分析过程如下：

① 明确研究对象现有的尺寸、时间和成本；
② 想象其尺寸逐渐变大以至于无穷大（$S \to \infty$）时会怎样？
③ 想象其尺寸逐渐变小以至于无穷小（$S \to 0$）时会怎样？
④ 想象其作用时间或运动速度逐渐变大以至于无穷大（$T \to \infty$）时会怎样？
⑤ 想象其作用时间或运动速度逐渐变小以至于无穷小（$T \to 0$）时会怎样？
⑥ 想象其成本逐渐变大以至于无穷大（$C \to \infty$）时会怎样？
⑦ 想象其成本逐渐变小以至于无穷小（$C \to 0$）时会怎样？

使用 STC 算子要注意：

① 每个想象实验要分步递增、递减，直到进行到物体新的特性出现；
② 不可以在还没有完成所有想象实验，担心系统变得复杂时而提前终止；
③ 使用成效取决于主观想象力、问题特点等情况；
④ 不要在试验的过程中尝试猜测问题最终的答案。

案例分享

苹果采摘

如图 3-39 所示，使用活梯来采摘苹果是最常见的方法，这种方法劳动量大、效率低。如何让采摘苹果变得更加方便、快捷和省力呢？

我们应用 STC 算子沿着尺寸、时间、成本三个方向来做维度的发散思维尝试，如图 3-40 所示。

图 3-39 采摘苹果

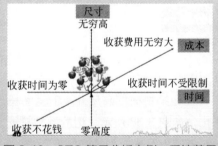

图 3-40 STC 算子分析实例—采摘苹果

可能的改进方案如下

① 假设苹果树的尺寸趋于零高度　种植低矮苹果树；
② 假设苹果树的尺寸趋于无穷高　整形成梯子形树冠；
③ 如果要求收获的时间趋于零　轻微爆破；
④ 假设收获的时间是不受限制　苹果自由掉落；
⑤ 假设收获的成本费用要求很低　苹果自由掉落；
⑥ 如果收获的成本费用不受限制　研制苹果采摘机器人。

应用 STC 算子法改进手中的笔。

3.3.5 小人法

小人法是一种极好的工具，它可以打破技术或专业术语导致的思维定式，并可用于围观级别上分析系统。

当系统内的组件不能完成其必要的功能，并表现出相互矛盾的作用，用一组小人来代表这些不能完成特定功能的部件，通过能动的小人，实现预期的功能。然后，根据小人模型对结构进行重新设计。

应用小人法的步骤如下：
① 对象中各个部分想象成一群一群的小人（当前怎样）；
② 根据问题的条件对小人进行分组（分组）；
③ 研究得到的问题模型（有小人的图），并对其进行改造，以便解决矛盾（该怎样打乱重组）；
④ 将小人固化成所需功能的组件，小人模型过渡到技术解决方案（变成怎样）。

使用小人法的常见错误：画一个或几个小人，不能分割重组；画一张图，无法体现问题模型与方案模型的差异。

案例分享

过去在采矿作业时，通常 2 分钟内有十次爆破，操作员有足够的时间用传爆管手动将电路接通。采矿作业采用新方法之后，需要在 0.6 秒的时间内，依次闭合 40 个触合器。同时，每一次爆破之间的时间间隔也不同。例如第二次爆破必须在第一次爆破 0.01 秒后发生；第三次在第二次的 0.02 秒之后，依此类推。实施精度必须达到正负 0.001 秒。

有人提议：将接点置于圆柱体中，用一个球接通接点。但是当球滑过或者当球卡住后，都导致不能正常发生爆炸，如图 3-41 所示。怎么办？

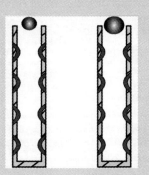 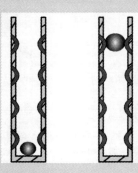

图 3-41　矿山爆破问题

小人法的应用步骤

第一步：分析系统和超系统的构成。

系统的构成：圆柱体、接点、金属球；

超系统：触发按钮、人等。

第二步：确定系统存在的问题或者矛盾。

系统中存在的问题是将接点置于圆柱体中，用一个金属球接通接点，但是当球滑过或者当球卡住后（金属球的大小矛盾），都导致不能正常发生爆炸。

第三步：建立问题模型。

描述系统组件的功能（用小人描述问题，并进行分组，如图3-42所示）。

序号	组件名称	功能
1	圆柱体	支撑或固定接点
2	接点	连接金属球
3	金属球	导通接点

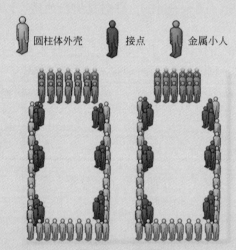

图 3-42 问题模型

第四步：建立方案模型。

对问题小人模型进行改造，以达到所需功能，如图3-43所示。

图 3-43 解决方案模型

第五步：从解决方案模型过渡到实际方案。

根据解决方案模型，最后将爆破装置制成接点自上而下逐渐收缩，而金属球改由一系列由大到小且能与接点一一对应的金属圆环形状，成功地解决了难题！（图3-44）

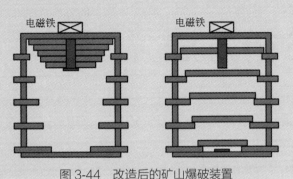

图 3-44　改造后的矿山爆破装置

水杯喝茶问题

1. 水杯（图3-45）是人们经常使用的喝水装置，所有的人都在使用。据统计，我国有50%左右的人有喝茶的习惯，而普通的水杯不能满足喝茶人的需要。问题在于利用普通水杯喝茶时，茶叶和水的混合物通过水杯的倾斜，同时进入口中，影响人们的正常喝水。怎么办？应用小人法提出解决方案。

图 3-45　水杯

2. 在解决水和茶叶分离的同时，又产生了新的问题，当过滤网的孔太大时，茶叶容易和水同时出去，当过滤网的孔太小时，水下流的速度变慢，开水容易溢出，造成对人体的烫伤。又该怎么办？应用小人法提出解决方案。

3. 在1和2的解决方案中，仍然存在当茶叶较碎小时，很多茶叶移动出来，如喝龙井、茉莉花等。当喝铁观音等茶叶片较大的茶时不存在问题，但在喝完茶后，茶叶容易粘连在杯壁，不易清理茶杯。继续应用小人法解决该问题！

第4章 矛盾分析方法

4.1 技术矛盾的解决办法

事物发展的根本原因，在于事物内部的矛盾性。矛盾，它反映了事物之间相互作用、相互影响的一种特殊的状态，"矛盾"不是事物，也不是实体，它在本质上属于事物的属性关系。技术系统之所以进化发展，根本原因在于技术系统内部的矛盾。只有解决矛盾，才能推动技术系统进化发展。TRIZ理论的创始人根里奇·阿奇舒勒深刻阐释了工程问题中存在的矛盾及解决方法。他认为，不解决矛盾，就不能算是创新。解决矛盾是技术系统进化发展的关键。TRIZ理论的实质就是寻求技术系统中的矛盾，发现矛盾，解决矛盾。TRIZ理论就是通过对约250万件专利的详细研究中，概括、总结出了技术系统存在的两大矛盾：技术矛盾与物理矛盾。

4.1.1 39个工程技术参数

TRIZ创始人阿奇舒勒从大量的专利中总结、概括出了39个通用工程技术参数，既作为技术矛盾改善一方的内容表达，也作为恶化一方的内容表达。即39个通用工程参数两两配对就构成一个技术矛盾，也就是用39个通用工程参数使技术矛盾标准化。一个具体的技术矛盾，只要把改善一方和恶化一方的表达转换成39个通用工程参数中的参数，就得到一个标准技术矛盾。阿奇舒勒又从大量专利中总结出与标准矛盾相对应的标准解，就是40条创新原理。把39个通用工程参数与40条创新原理的对应关系整合在一张坐标图上，纵坐标用39个参数表示改善一方，横坐标用39个参数表示恶化一方，纵横坐标的交集就是与标准矛盾对应的、有可能解决矛盾的若干创新原理，于是就形成了矛盾矩阵表，它是以标准矛盾为基础的，知道了标准矛盾，就可在表上查出创新原理。矛盾矩阵表列在附录1中。

39个通用工程参数（表4-1）是阿奇舒勒分析大量的技术文献总结出来的，可以用来描述技术系统中出现的绝大部分技术矛盾。工程参数具体可以分以下几类：

① 通用几何和物理参数，如重量、速度、长度、面积；
② 通用技术消极参数，如能量损失、物体产生的有害因素；
③ 通用技术积极参数，如自动化程度、可靠性。

表4-1　39个工程技术参数

序号	参数	序号	参数	序号	参数
1	运动物体的重量	14	强度	27	可靠性
2	静止物体的重量	15	运动物体的作用时间	28	测量精度
3	运动物体的长度	16	静止物体的作用时间	29	制造精度
4	静止物体的长度	17	温度	30	作用于物体的有害因素
5	运动物体的面积	18	照度	31	物体产生的有害因素
6	静止物体的面积	19	运动物体的能量消耗	32	可制造性
7	运动物体的体积	20	静止物体的能量消耗	33	操作流程的方便性
8	静止物体的体积	21	功率	34	可维修性
9	速度	22	能量损失	35	适应性及通用性
10	力	23	物质损失	36	系统的复杂性
11	应力或压强	24	信息损失	37	控制和测量的复杂度
12	形状	25	时间损失	38	自动化程度
13	稳定性	26	物质的量	39	生产率

39个通用工程参数及其解释如表4-2所示。

表4-2　39个通用工程参数汇总表

通用物理和几何参数		通用技术消极参数		通用技术积极参数	
排序	工程参数	排序	工程参数	排序	工程参数
1	运动物体的重量	15	运动物体作用时间	13	稳定性
2	静止物体的重量	16	静止物体作用时间	14	强度
3	运动物体的长度	19	运动物体的能量消耗	27	可靠性
4	静止物体的长度	20	静止物体的能量消耗	28	测量精度
5	运动物体的面积	22	能量损失	29	制造精度
6	静止物体的面积	23	物质损失	32	可制造性
7	运动物体的体积	24	信息损失	33	操作流程的方便性
8	静止物体的体积	25	时间损失	34	可维修性
9	速度	26	物质的量	35	适应性及通用性
10	力	30	作用于物体的有害因素	38	自动化程度
11	应力或压强	31	物体产生的有害因素	39	生产率
12	形状	36	系统的复杂性		
17	温度	37	控制和测量的复杂度		
18	照度				
21	功率				

39个工程技术参数具体解释如下。

① 运动物体的重量　重力场中的运动物体，作用在防止其自由滑落的悬挂或水平支架上的力，常表示为物体的质量。

② 静止物体的重量　重力场中的静止物体，作用在防止其自由滑落的悬挂、水平支架上或防止该物体表面上的力，常表示为物体的质量。

③ 运动物体的长度　运动物体的任意线性尺寸，不一定是最长的长度，不仅可以是一个系统的两个几何点或零件之间的距离，也可以是一条曲线的长度或封闭环的周长。

④ 静止物体的长度　静止物体的任意线性尺寸，不一定是最长的长度，不仅可以是一个系统的两个几何点或零件之间的距离，也可以是一条曲线的长度或封闭环的周长。

⑤ 运动物体的面积　运动物体内部或外部所具有的表面或部分表面的面积。

⑥ 静止物体的面积　静止物体内部或外部所具有的表面或部分表面的面积。

⑦ 运动物体的体积　运动物体所占有的空间体积。

⑧ 静止物体的体积　静止物体所占有的空间体积。

⑨ 速度　物体的速度或者效率，或者过程或活动与时间之比。

⑩ 力　力是两个系统之间的相互作用。对于牛顿力学，力等于质量与加速度之积。在TRIZ理论中，力是试图改变物体状态的任何作用力。

⑪ 应力或压强　单位面积上的作用力，也包括张力。例如，房屋作用于地面上的力，液体作用于容器壁上的力，气体作用于汽缸活塞上的力。压强也可理解为无压强（真空）。

⑫ 形状　物体的轮廓或外观。形状的变化可能表示物体的方向性变化或者物体在平面和空间两方面的形变。

⑬ 稳定性　物体的组成和性质不随时间而变化的性质、系统的完整性及系统组成部分之间的关系。磨损、化学分解及拆卸都会降低稳定性。

⑭ 强度　强度是指物体在外力作用下抵制使之变化的能力。

⑮ 运动物体的作用时间　运动物体具备其性能或者完成规定动作的时间、服务时间以及耐久力。两次故障之间的平均时间也是作用时间的一种度量。

⑯ 静止物体的作用时间　静止物体具备其性能或者完成规定动作的时间、服务时间以及耐久力。两次故障之间的平均时间也是作用时间的一种度量。

⑰ 温度　物体或系统所处的热状态，代表宏观系统热动力平衡的状态特征。还包括其他热学参数，如影响改变温度变化速度的热容量。

⑱ 照度　照射到某一表面上的光通量与该表面面积的比值，也可以理解为物体的光照特性，如亮度，反光性和色彩等光线质量。

⑲ 运动物体的能量消耗　运动物体执行给定功能所需的能量。在经典力学中，能量等于力与距离的乘积。包括消耗超系统提供的能量。

⑳ 静止物体的能量消耗　静止物体执行给定功能所需的能量。在经典力学中，能量等于力与距离的乘积。包括消耗超系统提供的能量。

㉑ 功率　单位时间内完成的工作量或消耗的能量。

㉒ 能量损失　做无用功消耗的能量。为了减少能量损失，需要不同的技术来改善能量的利用。

㉓ 物质损失　部分或全部、永久或临时的材料、部件或子系统等物质的损失。

㉔ 信息损失　部分或全部、永久或临时的数据损失。

㉕ 时间损失　时间是指一项活动所延续的时间间隔。改进时间的损失指减少一项活动所花费的时间。

㉖ 物质的量　材料、部件及子系统等的数量，它们可以被部分或全部、临时或永久地被改变。

㉗ 可靠性　系统在规定的方法及状态下完成规定功能的能力。常常可以理解为无故障操作概率或无故障运行时间。

㉘ 测量精度　系统特征的实测值与实际值之间的误差。减少误差将提高测试精度。

㉙ 制造精度　系统或物体的实际性能与所需性能之间的误差，与图纸技术规范和标准所预定参数的一致性。

㉚ 作用于物体的有害因素　外部环境或系统的其他部分对物体的有害作用，使物体的功能退化。

㉛ 物体产生的有害因素　有害因素将降低物体或系统的效率，或完成功能的质量。这些有害因素来自于物体或作为其操作过程一部分的系统。

㉜ 可制造性　物体或系统制造过程中简单、方便的程度。

㉝ 操作流程的方便性　要完成的操作应需要较少的操作者、较少的步骤以及使用尽可能简单的工具。一个操作的产出要尽可能多。

㉞ 可维修性　对于系统可能出现失误所进行的维修要时间短、方便和简单。

㉟ 适应性及通用性　物体或系统响应外部变化的能力，或应用于不同条件下的能力。

㊱ 系统的复杂性　系统中元件数目及多样性。如果用户也是系统中的元素，将增加系统的复杂性。掌握系统的难易程度是其复杂性的一种度量。

㊲ 控制和测量的复杂度　如果一个系统复杂、成本高、需要较长的时间建造及使用，或部件与部件之间关系复杂，都使得系统的监控与测试困难。测试精度高，增加了测试的成本，也是测试困难的一种标志。

㊳ 自动化程度　是指系统或物体在无人操作的情况下完成任务的能力。自动化程度的最低级别是完全人工操作；最高级别是机器能自动感知所需的操作、自动编程和对操作自动监控；中等级别的需要人工编程，人工观察正在进行的操作，改变正在进行的操作及重新编程。

㊴ 生产率　是指单位时间内所完成的功能或操作数，或者完成一个功能或操作所需时间以及单位时间的输出，或单位输出的成本等。

4.1.2　技术矛盾的描述

技术系统是由多个子系统和元件组成，并通过子系统和元件之间的相互作用实现一定的功能。参数是指表明技术系统中某一性质的量。为了改善技术系统的某个参数，导致该技术系统的另一个参数发生恶化，这种由两个参数构成的矛盾称为技术矛盾。技术矛盾的特点是有两个不同的参数。

技术矛盾举例如下。

（1）慢工出细活

想让任务做得细致，干活速度就得慢。

改善的参数：产品的质量（加工精度）；恶化的参数：时间损失。

反之，干活速度快，任务完成得就不细致。

改善的参数：时间损失；恶化的参数：产品的质量（加工精度）。

通常采用折中的办法，速度不快不慢，精度不高不低，回避、掩盖并保留基本矛盾，并没有真正解决矛盾。

（2）手机的电磁辐射存在一对技术矛盾

改善一方：电磁辐射保证通话；

恶化一方：电磁辐射影响健康。

这是通话与健康两方面的矛盾（图4-1）。

（3）癌症放疗产生一对技术矛盾（图4-2）。

改善一方：放疗杀死癌细胞；

恶化一方：放疗也杀死好细胞。

图4-1　打手机

图4-2　放疗

改善一方在很多情况下就是技术系统或产品的功能、目的、效果等。任何一方的改善，都有可能引起另一方的恶化。譬如，人离开了氧气就不能生存，可是人体在燃烧氧气使生命得以延续的过程中，又会释放一种叫"自由基"（又称"活性氧"）的副产品，它会攻击细胞，堵住细胞的入口和出口，使细胞功能失调以致死亡。这就是"自由基"对人体的氧化作用，也是一个"一方改善同时引起另一方恶化"的技术矛盾。为了消除恶化，解决矛盾，需要给人体输入各种抗氧化物质，降解自由基的杀伤力，并能阻止自由基的生成。恶化与改善往往结伴而行。

恶化一方究竟恶化了什么，对于一个具体的技术矛盾是可以客观判断的。有时一方改善可能产生几方面的恶化，形成几对矛盾，这可以扩大解决矛盾的搜索范围。技术矛盾是存在于技术系统内部的矛盾。

4.1.3　矛盾矩阵表

技术矛盾普遍存在，也就是矛盾具有普遍性。解决技术矛盾，就是要消除恶化，使双方的要求都得到满足。对技术系统的分析至关重要，准确分析技术系统，技术矛盾即可轻松获解。通过分析，可以了解组成系统的各个部分（子系统）、系统所从属的上级系统以及问题本身的根源，了解整个系统的持续情况。可以了解系统和子系统的过去、现在以及将来发展的情况。如手机电磁辐射保证通信而又不影响人体健康；又如，化疗药物只杀癌细胞，不杀好细胞，即靶向药物。消除恶化，解决矛盾，就是满足双方的要求，也就是现在通常说的"双赢"。要通过人们的创新解决矛盾，而不是靠TRIZ直接解决矛盾，它只是从原理上给出创新的方向、提示和指导。尤其对于复杂的技术系统，有时候使用一条发明原理是不够的。原理的作用是使原系统向着改进的方向发展，在改进的过程中，对于问题的深入思考、创造性和经验都是必需的。阿奇舒勒将39个通用工程参数和40条发明原理有机地联系起来，建立起对应关系，整理成39×39的矛盾矩阵表（详见附录1）。

矛盾矩阵表以标准矛盾为基础，从表上获得创新原理，实现创新，消除恶化，是一个奇妙的创新工具。如何描述问题，确定并解决技术矛盾？

第一步 从具体矛盾到创新原理，这是一个从具体到抽象的过程。分析技术系统中待解决的问题，建立问题模型，把具体的技术矛盾即改善一方与恶化一方的表达，转换成39个通用工程参数中的参数，也就是转换成一对标准矛盾。

寻找技术矛盾参数可以按照下面的思路：
① 问题是什么？
② 现在有什么解决方案？
③ 这个解决方案有什么问题？

由39个通用工程技术参数，找出需要改善的特性和可能恶化的特性。

第二步 在矛盾矩阵表的纵、横坐标上找到与标准矛盾相对应的参数。纵、横坐标的交集，就是解决这个矛盾可参考的创新原理，再从中选定恰当的创新原理。

第三步 把创新原理转换成创新方案，这是一个从抽象到具体的过程。把选定的标准解创新原理，结合研究对象的具体情况，转换成一个具体的创新方案。这个过程需要把选定的创新原理与研究对象的矛盾内容发生联系，进行逻辑分析。这中间也需要非逻辑思维，如直觉、联想、灵感、想象、顿悟等。这个过程有时会显得很困难，不能确立创新方案。于是，需要重新表达矛盾，选择参数，从头再来，寻找别的创新原理（图4-3）。

矛盾矩阵的第1行、列为39个通用工程参数的编码，第2行、列分别为39的通用工程参数的名称。但是，纵行表示要改善的参数，横行表示会恶化的参数。39×39个通用工程参数从行、列两个纬度构成矩阵的方格共1521个，在其中1263个方格中，列中一般有几组数字，这几组数字就是由TRIZ推荐的解决对应工程矛盾的发明原理的编码。按照编码查40条发明原理表，即可得到该编码的实际意义。

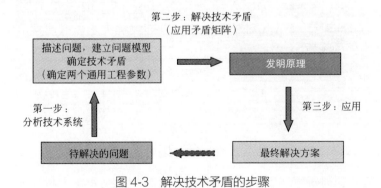

图4-3 解决技术矛盾的步骤

如果由矛盾矩阵所有给出的原理都完全不能应用，则需重新确定技术矛盾，再做一遍，直到找出可操作的解决方案。

案例分享

披萨（PIZZA）盒的设计

在送外卖的时候，由于披萨的热量散失，温度会下降。为了减少热量损失，改用密闭效果更好的盒子，保温性能得到提高。但是，盒子的密闭效果的改善，导致热披萨放出的水蒸气无法排出，水蒸气会使披萨变得黏、软，失去了应有的口感。

问题描述：为了防止披萨热量散失，温度降低→提高盒子的密闭性能→水蒸气无法排出。

确定矛盾的过程：

第一步：问题是什么？送外卖的时候，披萨的热量散失，温度下降。

第二步：现在有什么解决方案？提高盒子的密闭性，减少热量散失，避免温度降低。

第三步：这个解决方案有什么问题？水蒸气无法排出，披萨变软，变黏。

改善的参数：减少了温度的降低；恶化的参数：水蒸气无法排出，披萨变软、变黏。

所以温度与物体产生的有害因素是要查询的参数。

利用矛盾矩阵求解问题模型。查询附录、矛盾矩阵表得出表 4-4 的矛盾矩阵表。

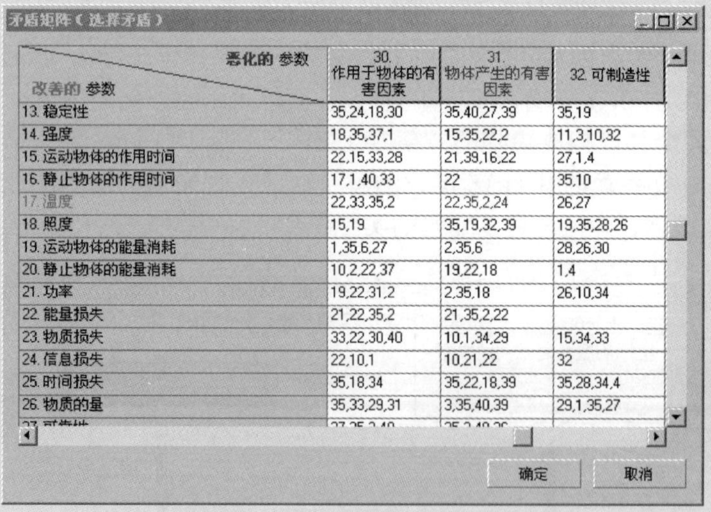

恶化的 参数 / 改善的 参数	30. 作用于物体的有害因素	31. 物体产生的有害因素	32. 可制造性
13. 稳定性	35,24,18,30	35,40,27,39	35,19
14. 强度	18,35,37,1	15,35,22,2	11,3,10,32
15. 运动物体的作用时间	22,15,33,28	21,39,16,22	27,1,4
16. 静止物体的作用时间	17,1,40,33	22	35,10
17. 温度	22,33,35,2	22,35,2,24	26,27
18. 照度	15,19	35,19,32,39	19,35,28,26
19. 运动物体的能量消耗	1,35,6,27	2,35,6	28,26,30
20. 静止物体的能量消耗	10,2,22,37	19,22,18	1,4
21. 功率	19,22,31,2	2,35,18	26,10,34
22. 能量损失	21,22,35,2	21,35,2,22	
23. 物质损失	33,22,30,40	10,1,34,29	15,34,33
24. 信息损失	22,10,1	10,21,22	32
25. 时间损失	35,18,34	35,22,18,39	35,28,34,4
26. 物质的量	35,33,29,31	3,35,40,39	29,1,35,27

图 4-4　查询得到矛盾矩阵表

TRIZ 推荐的创新原理（解决方案模型）为四个：22 变害为利原理；35 物理化学参数变化原理；2 抽取原理；24 借助中介物原理。

回到原问题，披萨盒的设计最终解决方案：22 利用有害因素，获取有益结果；35 改变物体的物理状态；2 将物体中"负面"的部分或属性抽取出来；24 临时将原物体和一个容易去除的物体结合在一起。容易得到的解决方案是可以在盒子里放置吸水纸或者干燥剂等。

4.1.4 应用技术矛盾解题案例

本章前面已经涉及到了几个解决技术矛盾的案例，但技术矛盾是各种各样、形形色色的。要解决众多的技术矛盾，不可能针对每一个具体的技术矛盾，制定一个万能的解决方案，显然这是不可能的，这需要把技术矛盾及其解都标准化，再用标准矛盾、标准解去解决技术系统中形形色色的特殊的矛盾。如果没有矛盾，矛盾矩阵表就毫无用处，创新也就无从谈起。所以，首先要认识、解决的一个问题是要善于寻求、认识、发现技术矛盾。当然，首先对技术矛盾要有深刻的理解。为了帮助理解技术矛盾以及学会应用矛盾矩阵表，学会解决技术矛盾的创新方法，下面列举一些技术矛盾的案例。为了通俗易懂，案例尽量避免专业化。从具体到抽象，又从抽象到具体，这是解决技术矛盾成败的重要过程，也是TRIZ 中关于矛盾应用的难点。

（1）改造波音 737（图 4-5），加大发动机功率引起的技术矛盾

发动机功率加大了，发动机罩的直径也要加大，以增加空气进气量。但是起落架没改变，发动机中心高度没变，这样，罩子直径加大，下沿对地距离减小，危及降落安全。这就是一方改善引起另一方恶化的矛盾，直径加大了，对地距离减小了，于是产生一对技术矛盾。

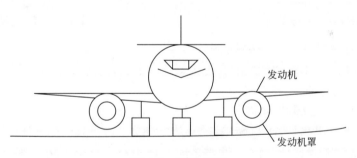

图 4-5　波音 737

改善一方：空气进气量要加大，发动机整流罩直径加大。
转换成 39 参数：5 运动物体的面积。
恶化一方：整流罩下沿对地距离减小，危及降落安全。
转换成 39 参数：3 运动物体的长度。
标准技术矛盾：5 运动物体的面积与 3 运动物体的长度。
查矛盾矩阵表。纵坐标 5 与横坐标 3 的交集 14，15，18，4，即为解决矛盾可参考的创新原理：14 曲面化，15 动态化，18 机械振动，4 增加不对称性。

显然前 3 个都用不上，太复杂，只有选用创新原理"4 增加不对称性"。这里选用的创新原理是增加不对称性。这里研究的对象是整流罩，当然就是增加整流罩的不对称度。整

流罩本来是圆的,增加不对称度就是说可以做成非圆的。这里的矛盾是不减少罩子下沿对地距离。于是这个似乎有点复杂的问题迎刃而解了。保持罩子下沿对地距离不变,把罩子孔的两边向外拉大,于是就把原来圆形的发动机罩拉成不对称的鱼嘴形(图4-6)。罩的下沿没有下降,和原来一样保证对地距离,但是面积扩大了,矛盾解决了,消除了恶化——下沿对地距离不减少。

图4-6 整流罩成鱼嘴形

(2)一把很简单的呆扳手还有什么发展前途?

任何物质都需要发展,都可以发展。关键是要找出其有什么问题,存在什么矛盾。

呆扳手(图4-7)由于套上六方以后出现间隙,用力一搬,只能与六方的两个角形成两点接触(图4-8),接触面积很小,扳手正是这样磨损报废的。要减少磨损,就要减小或消除间隙,加大接触面积,因此要提高制造精度,使制造困难,提高了成本。这就是一对技术矛盾。

图4-7 呆扳手

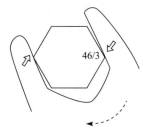

图4-8 两点接触

改善一方:消除间隙,加大接触面积。

转换成工程参数:31 物体产生的有害因素(这里的有害因素是指间隙)。

恶化一方:制造困难。

转换成工程参数:29 制造精度。

查矛盾矩阵表,纵坐标31与横坐标29的交集4,17,34,26,即为解决矛盾可参考的创新原理:4 增加不对称性,17 一维变多维,34 抛弃与再生,26 复制。选取两条创新原理 4 增加不对称性与 17 多维化。多维化,原有的情况是两点接触,两点只能成一条线。17 多维化提示增多接触点,增大接触面。于是出现了多点接触的圆头扳手,见图4-9(a)。

(a) 圆头扳手　　　　　　　　　　　(b) 不对称扳手

图4-9 多触点扳手

第二增加不对称性。原来是对称的,只能形成两点接触,做成不对称的[图4-9(b)]。于是,把创新原理转换成创新方案——增多接触点,再简单不过的呆扳手依靠TRIZ得到了发展,这是一个很深刻很重要的启发。

(3)船体窄可提高速度但容易翻船(图4-10),这是一对技术矛盾

从特殊到一般,首先把技术矛盾转换成标准矛盾,再查矛盾矩阵表获得创新原理。

改善一方:速度快。转换成工程参数:9速度。

恶化一方:安全性差。转换成工程参数:27可靠性,13稳定性。

从矛盾矩阵表得到的创新原理:速度与可靠性,查得创新原理11,35,27,28。相对应的创新原理分别是预先防范、物理或化学参数变化、廉价替代品、机械系统替代。

选择的创新原理:预先防范。将一个物体分成相互独立的部分。这里是一个稳定性问题,将窄船体一分为二,做成双体船(图4-11),并拉开距离,以提高稳定性和可靠性。

图4-10 窄船

图4-11 双体船

(4)一次装运10~40万吨的大型邮轮(图4-12),不易操纵,且易搁浅触礁,这是一对技术矛盾。

图4-12 大型邮轮

改善一方:运输量大。转换成工程参数:7运动物体的体积。恶化一方:安全性差。转换成工程参数:27可靠性。

从矩阵表中查得创新原理:1,14,11,40为解决矛盾可参考的创新原理。即发明原理1分割,14曲面化,11事先防范,40复合材料。

选择创新原理11事先防范,这里的问题是船大,不易操纵,且易搁浅触礁。创新原理事先防范就是明确提示,事先在船上安装对船体周围水下情况探测的仪器,随时观测,以防止搁浅触礁。

（5）北京奥运火炬的技术矛盾

奥运火炬（图 4-13）除了外观设计，其内部燃烧系统是整个火炬的"心脏"。对于火炬燃烧系统来说，燃料选择和保证火炬稳定燃烧的问题是其最关键性的两个问题。

燃料是火炬内部系统设计首要解决的问题。过去火炬的燃料主要用丁烷。丁烷在低温时压力变得很低，很难喷出来。以往火炬传递需要跟着保温车，在保温车里保温，点燃的时候再把燃气罐拿出来。此次，北京奥运会火炬选择将丙烷作为燃料。它燃烧后主要产生水蒸气和二氧化碳，不会对环境造成污染，而且丙烷可以适应比较宽的温度范围，加上它产生的火焰呈亮黄色，火炬手跑动时，动态飘动的火焰在不同背景下都比较醒目。因此，它非常符合火炬燃料的各项技术指标。

图 4-13　北京奥运火炬

但是丙烷也存在问题：在低温时压力较小，喷出相对困难，而且在丙烷液体变成气体时需要吸收热量，导致燃气罐温度降低。对于这个技术难题来说，需要提高燃气罐的压力，一般来说，只有充入更多的丙烷气体才行，这样体积就庞大了；或者增加对燃气罐的加热装置，这就成了额外的能量损失，而且体积也大了。于是，这里就出现了一对技术矛盾。再查矛盾矩阵表可获得创新原理。

改善一方：提高燃气罐的压力。转换成工程参数为 11 应力或压强。

恶化一方：额外的能量损失或体积增大。转换成工程参数为 22 能量损失，7 运动物体的体积。

压强与能量损失，从矛盾矩阵表中查得创新原理：2 抽取，36 相变，25 自服务。

选择创新原理 25 自服务。这里的矛盾是燃气罐温度降低，要从外部补充物质或补充能量解决。自服务就是依靠自身的能力解决问题，不要外部的帮助。这里如何靠自身的能力防止燃气罐温度降低呢？可以利用火炬燃烧时本身释放出的热量，增加回热管，用火炬火焰的热量来加热燃气罐，不使燃气罐温度降低。这样就可以使得丙烷始终保持一定的温度，保证压力，使火焰稳定喷出，很好地解决了这一技术难题。于是，就把创新原理自服务转换成一个具体的创新方案。北京奥运火炬设计正是采用 TRIZ 获得了成功。

（6）高高的路灯灯泡坏了

维修工搬来一个长梯子搭上去准备换灯泡，于是就出现了一对技术矛盾。梯子很高，不高就够不着，但人上去缺少安全感（图 4-14）。解决矛盾：虽然梯子很高，但要有安全感。

改善一方：梯子的高度，一个尺寸。转换成工程参数为 4 静止物体的长度。

恶化一方：梯子的可靠性和稳定性。转换成工程参数为 27 可靠性，13 稳定性。

从矛盾矩阵表中查创新原理。以 4 静止物体的尺寸与 27 可靠性，从表中查得 3 条创新原理：15

图 4-14　路灯换灯图

动态特性，28 机械系统替代，29 气压或液压结构。

利用发明原理 15 动态特性——让梯子动起来，折叠人字形梯就是梯子动态化的结果。显然四条腿肯定比两条腿的可靠（图 4-15）。

利用发明原理 28 机械系统代替与 29 气压或液压结构相结合，开发出液压升降机代替梯子登高（图 4-16）。这里升降机完全脱离了梯子的形象，完全变了样。

利用 TRIZ 创新，更新换代产品，完全变样的案例很多。

图 4-15　人字梯

图 4-16　升降梯

4.1.5　技术矛盾解题训练

为了进一步理解、发现技术矛盾，找出解决技术矛盾的创新方法，下面再列举一些发现技术矛盾的练习。通过这些练习，训练发现技术矛盾的能力，也训练应用矛盾矩阵表解决矛盾的能力。

① 在地面上使用锤子时，其重量会抵消冲击后可能的反弹；在太空中，由于没有重力（图 4-17），发生碰撞后，锤子会以非常危险的速度反弹向使用者的头部。

图 4-17　太空中的失重现象

定义矛盾的过程：维修过程中需要冲击力→使用锤子→锤子伤人。

第一步：问题是什么？在太空中，维修的时候需要冲击力。

第二步：现在有什么解决方案？利用锤子，以便提供所需的冲击力。

第三步：这个解决方案有什么问题？由于太空无重力，锤子承受的反作用力无法用锤子的重力来消除，锤子会反弹伤人。

改善的参数："锤子产生的冲击力"(10)。

恶化的参数："很可能伤人的锤子的反弹作用"(31)。

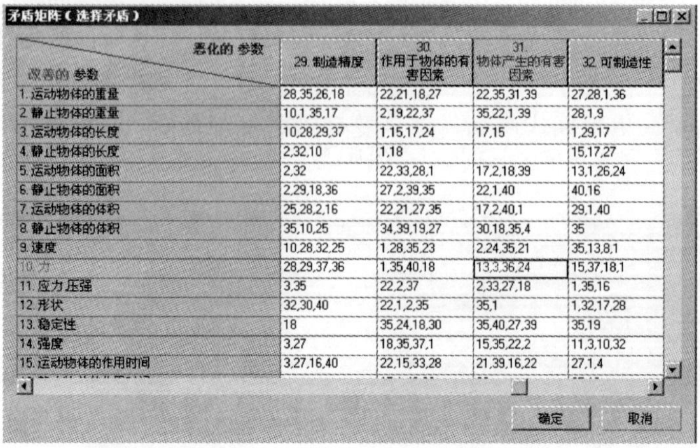
矛盾矩阵（选择矛盾）

改善的参数 \ 恶化的参数	29. 制造精度	30. 作用于物体的有害因素	31. 物体产生的有害因素	32. 可制造性
1. 运动物体的重量	28,35,26,18	22,21,18,27	22,35,31,39	27,28,1,36
2. 静止物体的重量	10,1,35,17	2,19,22,37	35,22,1,39	28,1,9
3. 运动物体的长度	10,28,29,37	1,15,17,24	17,15	1,29,17
4. 静止物体的长度	2,32,10	1,18		15,17,27
5. 运动物体的面积	2,32	22,33,28,1	17,2,18,39	13,1,26,24
6. 静止物体的面积	2,29,18,36	27,2,39,35	22,1,40	40,16
7. 运动物体的体积	25,28,2,16	22,21,27,35	17,2,40,1	29,1,40
8. 静止物体的体积	35,10,25	34,39,19,27	30,18,35,4	35
9. 速度	10,28,32,25	1,28,35,23	2,24,35,21	35,13,8,1
10. 力	28,29,37,36	1,35,40,18	13,3,36,24	15,37,18,1
11. 应力压强	3,35	22,2,37	2,33,27,18	1,35,16
12. 形状	32,30,40	22,1,2,35	35,1	1,32,17,28
13. 稳定性	18	35,24,18,30	35,40,27,39	35,19
14. 强度	3,27	18,35,37,1	15,35,22,2	11,3,10,32
15. 运动物体的作用时间	3,27,16,40	22,15,33,28	21,39,16,22	27,1,4

确定 取消

图 4-18 查询矛盾矩阵表

查询矛盾矩阵表（图 4-18），TRIZ 推荐的创新原理（解决方案模型）：13 反向作用原理；03 局部质量原理；36 相变原理；24 借助中介物原理。创新原理具体解释为：13（A）用与原来相反的动作达到相同的目的；03（A）将物体、环境或外部作用的均匀结构改为不均匀的；24（A）使用中介物实现所需功能；36 利用相变后物理性质的改变解决问题。解决方案为将高密度的液态物质（水银）置于锤头的空腔内。通过引入水银，在锤子下落时，高密度的水银位于锤头空腔的顶部，在冲击的瞬间，水银将产生惯性力抵消了锤子的反弹力（图 4-19）。

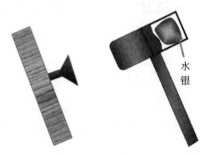

图 4-19 水银太空锤

② 坦克在战斗中需要有厚实的装甲，这样抗打击能力强，但也需要有机动灵活性，以便更方便战斗。

第一步：确定技术系统名称，坦克装甲。

第二步：问题描述，需增加装甲的厚度，这样子弹击不穿，但这样坦克就会变得很笨重，行动缓慢，不利于激烈的战斗。

第三步：定义技术矛盾，改善的参数为"强度"(14)；恶化的参数为"运动物体的重量"(1)。

查找矛盾矩阵表（图 4-20），利用创新原理 1 分割原理，坦克正面的装甲做厚一点，其他的地方做薄一点，因为正面被击打的概率高；利用创新原理 8 重量补偿，补偿坦克的重量，但会增加坦克系统的复杂性；利用创新原理 40 复合材料，使用重量轻、有增强纤维的复合材料代替金属装甲；利用发明原理 15 动态特性，将装甲做成可动的不同部分，根据射来的子弹移动，犹如人拿盾牌移动。

最终解决方案：使用了分割、复合材料、动态特性三个原理，发明了美国" M60A1"坦克（图 4-21），全重：52 吨，车体正面：110 毫米。

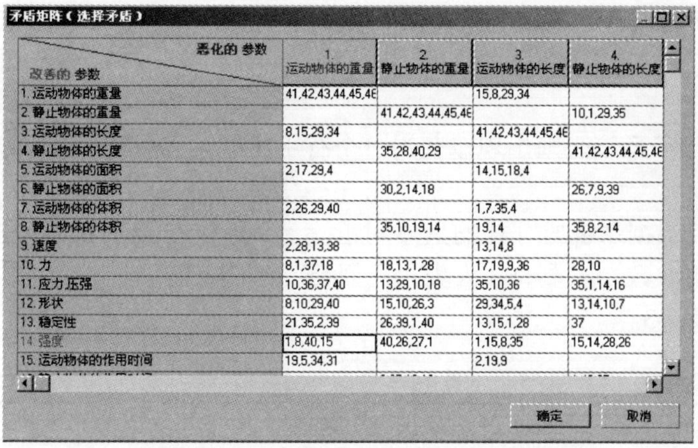
矛盾矩阵（选择矛盾）

恶化的 参数 / 改善的 参数	1. 运动物体的重量	2. 静止物体的重量	3. 运动物体的长度	4. 静止物体的长度
1. 运动物体的重量	41,42,43,44,45,46		15,8,29,34	
2. 静止物体的重量		41,42,43,44,45,46		10,1,29,35
3. 运动物体的长度	8,15,29,34		41,42,43,44,45,46	
4. 静止物体的长度		35,28,40,29		41,42,43,44,45,46
5. 运动物体的面积	2,17,29,4		14,15,18,4	
6. 静止物体的面积		30,2,14,18		26,7,9,39
7. 运动物体的体积	2,26,29,40		1,7,35,4	
8. 静止物体的体积		35,10,19,14	19,14	35,8,2,14
9. 速度	2,28,13,38		13,14,8	
10. 力	8,1,37,18	18,13,1,28	17,19,9,36	28,10
11. 应力 压强	10,36,37,40	13,29,10,18	35,10,36	35,1,14,16
12. 形状	8,10,29,40	15,10,26,3	29,34,5,4	13,14,10,7
13. 稳定性	21,35,2,39	26,39,1,40	13,15,1,28	37
14. 强度	1,8,40,15	40,26,27,1	1,15,8,35	15,14,28,26
15. 运动物体的作用时间	19,5,34,31		2,19,9	

确定　取消

图 4-20　查找矛盾矩阵表（1, 8, 40, 15）

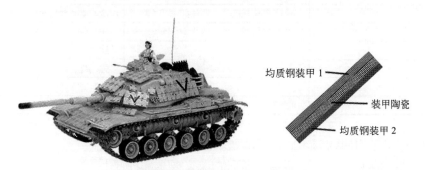

图 4-21　美国 M60A1 坦克

4.2　物理矛盾的解决办法

4.2.1　物理矛盾描述

技术矛盾和物理矛盾都反映的是技术系统的参数属性。就定义而言，技术矛盾是技术系统中两个参数之间存在着相互制约；物理矛盾是技术系统中一个参数无法满足系统内相互排斥的需求。物理矛盾和技术矛盾是相互联系的。例如，为了提高子系统 Y 的效率，需要对子系统 Y 加热；但是加热会导致其邻接子系统 X 的降解。这是一对技术矛盾。同样，这样的问题可以用物理矛盾来描述，即温度要高又要低。温度高可提高 Y 的效率，但是恶化了 X 的工况；而温度低无法提高 Y 的效率，但也不会恶化 X 的工况。所以，技术矛盾与物理矛盾之间是可以相互转化的。物理矛盾是当一个技术系统的工程参数具有相反的需求，就出现了物理矛盾。比如说，要求系统的某个参数既要出现又不存在，或既要高又要低，或既要大又要小等。之所以称为物理矛盾，是因为构成矛盾的参数主要是物理量。在很多时候，技术矛盾是更显而易见的矛盾，而物理矛盾是隐藏得更深的、更尖锐的矛盾，是本质矛盾或内在矛盾。

从功能实现的角度，物理矛盾可表现在：

① 为了实现关键功能，系统或子系统需要具有有用的一个功能，但为了避免出现有害

的另一个功能，系统或子系统又不能具有上述有用功能；

② 关键子系统的特性必须是取大值，以取得有用功能，但又必须是小值以避免出现有害功能；

③ 系统或关键子系统必须出现以获得一个有用功能，但系统或子系统又不能出现，以避免出现有害功能。

物理矛盾可以根据系统所存在的具体问题，选择具体的描述方式来进行表达。总结归纳物理学中的常用参数，主要有 3 大类：几何类、材料及能量类、功能类。每大类中的具体参数和矛盾见表 4-3。

表 4-3　物理参数分类

几何类	材料与能量类	功能类
长与短	多与少	喷射与卡住
对称与不对称	密度大与小	推与拉
平行与交叉	导热率高与低	冷与热
厚与薄	温度高与低	快与慢
圆与非圆	时间长与短	运动与静止
锋利与钝	黏度高与低	强与弱
窄与宽	功率大与小	软与硬
水平与垂直	摩擦系数大与小	成本高与低

下面举几个例子说明物理矛盾相反的要求。

例 1　一块菜地（图 4-22），既要全部种白菜又要全部种萝卜。

张三和李四共有一块不可分的菜地，张三要全部种白菜，李四要全部种萝卜，相反的要求，这是一个物理矛盾。

解决矛盾就是满足矛盾双方的要求。这怎么可能呢？TRIZ 就是通过创新，解决那些看起来不可能解决的矛盾（答案见 P97）。

例 2　轮子直径要求大又要求小。

最早的自行车（图 4-23），前轮很大。因为那时还没有发明链条，要直接蹬前轮。前轮小了就没有速度，车就走不快。可是前轮大了，上下车不方便，而且人坐得高，不安全。这就是一个物理矛盾。前轮既要大，保证速度，又要小，保证安全。这是相反的要求。后来发明了链条，如图 4-24 所示，这个矛盾就解决了。

图 4-22　菜地

图 4-23　最早的自行车

例3 要有避雷针又不允许有避雷针。

接收无线电波的天线架设在经常有雷雨的地方（图4-25）。为了避免雷击，必须设置避雷针。但避雷针会吸收无线电波，从而减少了天线吸收无线电波的数量。所以，从防雷击方面看，需要避雷针，从吸收无线电波方面看，又不需要避雷针。需要又不需要，这是相反的要求，是一对物理矛盾。

图4-24 链条自行车

图4-25 天线

例4 过滤网（图4-26）的眼孔应该尽量小又不能太小。

过滤网眼孔应该尽量小，过滤效果好。但为了防堵以及便于清理，眼孔又不能太小。孔既要大又要小，这是一对物理矛盾。

除此之外，39个通用工程参数也是物理矛盾的表达类型。如一个物理矛盾：速度要快又要慢，速度就是其通用工程参数。要把物理矛盾转换成通用工程参数，是因为通用工程参数与创新原理有对应关系。在矛盾矩阵表中，改善一方与恶化一方是同一个通用工程参数，就

图4-26 过滤网

是物理矛盾，位置在矛盾矩阵表的对角线上显示的创新原理，就是用于解决物理矛盾的创新原理。所以，通过通用工程参数，就可以在矛盾矩阵表上找到解决物理矛盾的创新原理。

4.2.2 分离原理

如前述早期自行车的轮子要大又要小，通过创新，发明采用了链条以后，轮子就可以做到不大不小，又方便又安全，矛盾得以解决。同解决技术矛盾一样，解决物理矛盾也是要通过把创新原理转换成创新方案，来满足双方相反的要求。解决物理矛盾的核心思想是实现矛盾双方的分离。解决物理矛盾可以用四种分离原理，目的都是要获得解决矛盾的创新原理。

由于物理矛盾相反要求的每一方，一般都是处于某种条件下，如时间或空间上的条件或其他的不同条件。如在某一时间要大，在另一时间要小等。这是可以采用分离原理解决矛盾的基础。这样，矛盾双方可以采用如下4种不同的分离原理进行分离，以满足矛盾双方的要求。可以只采用一种分离原理，也可以采用4种分离原理解决物理矛盾。

（1）空间分离

空间分离是将矛盾双方在不同的空间分离，以获得问题的解决或降低解决问题的难度。

（2）时间分离

时间分离是将矛盾双方在不同的时间段分离，以获得问题的解决或降低解决问题的难度。

（3）条件分离

条件分离是将矛盾双方在不同的条件下分离，以获得问题的解决或降低解决问题的难度。

（4）系统级别分离

系统级别分离是将矛盾转移到其他系统上或矛盾双方在不同的层次上得以分离，以获得问题的解决或降低解决问题的难度。对同一个参数的不同要求，在不同的系统级别上实现分离。

近年来，对分离原理、创新原理的研究结果表明，两者之间存在一些对应的关系。如果能正确应用这些对应关系，40条创新原理就可以为解决物理矛盾提供更广阔的思路、更多的方法和手段。

为了应用方便，下面把40条创新原理与4种分离原理的对应关系集中在表4-4中。

表4-4　4种分离原理与40条创新原理对应表

空间分离	时间分离	条件分离	系统级别分离
1 分割	15 动态特性	35 物理或化学参数变化	转移到子系统
2 抽取	10 预先作用	32 改变颜色、拟态	1 分割
3 局部质量	19 周期性动作	36 相变	25 自服务
17 一维变多维（空间维数变化）	11 预先防范	31 多孔材料	40 复合材料
13 反向作用	16 未达到或过度作用	38 加速氧化	33 同质性
14 曲率增加（曲面化）	21 减少有害作用时间（快速通过）	39 惰性（真空）环境	12 等势
7 嵌套	26 复制	28 机械系统替代	转移到超系统
30 柔性壳体或薄膜	18 机械振动	29 气压或液压结构	5 组合（合并）
4 增加不对称性	37 热膨胀	14 曲率增加（曲面化）	6 多用性
24 借助中介物	34 抛弃或再生		23 反馈
26 复制	9 预先反作用		22 变害为利
	20 有效（益）作用的连续性		

如何确定物理矛盾呢？一般来讲可以尝试用以下的方法来寻找确定：

① 先确定技术矛盾，将技术矛盾转化为物理矛盾；

② 根据因果分析中的根本原因描述；

③ 根据功能分析中的矛盾组件描述。

先确定技术矛盾，将技术矛盾转化为物理矛盾的解题模式与操作流程如图4-27所示，找到参数C就找到了物理矛盾。

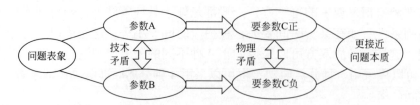

图4-27　技术矛盾转化为物理矛盾的解题模式与操作流程

物理矛盾与技术矛盾的关系是：参数的数量不同。

4.2.3 应用物理矛盾的解题案例

（1）空间分离的案例

① 潜艇（图 4-28）里要装声呐又不能装声呐　潜水艇里要装声呐探测器，以收集海洋信息。但艇上的噪声影响探测器的灵敏度，又不能装声呐探测器。要装又不能装，这是相反要求，是一对物理矛盾。

把一个具体的物理矛盾转换成分离原理，再按照表 4-3、表 4-4 和附录 1 选择恰当的创新原理。采用分离原理中的空间分离，在表 4-4 中查创新原理，在空间分离一栏选取创新原理"2 抽取"。

图 4-28　潜艇

把创新原理转换成创新方案，是把一个抽象的理念转换成现实，主要靠逻辑分析。这里的矛盾是，声呐探测器受到噪声的影响。创新原理"抽取"，也就是抽出。抽出什么？显然，就是要把声呐探测器从潜艇中抽出，放到潜艇之外，以避开噪声的影响。事实上是将声呐探测器抽出，单置于潜艇后面千米之外，用电缆连接，使声呐探测器和潜艇的各种干扰在空间分离，提高了测量效果。

② 公路要宽又要窄　公路路面（图 4-29）要宽以利于交通，但是越宽占地越多，因此又要减少公路占地面积。路面要宽又要窄，这是一对物理矛盾。

采用分离原理的空间分离，在表 4-4 中查创新原理，在空间分离一栏选取创新原理"17 一维变多维（空间维数变化）"。公路是平面的。这里的矛盾是公路占地，要宽又不能宽。解决这里的矛盾就是要宽又要窄，满足双方要求。创新原理一维变多维（空间维数变化）就提示了公路可以向空间发展，采用双层或多层路面，用高架桥扩大路面，如图 4-30 所示，满足了双方要求。

图 4-29　公路路面

图 4-30　高架路面

③ 粗长钢管摩擦焊接的物理矛盾　摩擦焊管子，两管子的端面在轴向压力作用下接触在一起，依靠管子高速旋转产生的热量焊接在一起。但管子又粗又长又重（图 4-31），生产这么大的设备相对困难，所以管子无法旋转。要旋转又不能旋转，这是一对物理矛盾。采用分离原理中的空间分离，在表 4-4 中查创新原理，在空间分离一栏选取创新原理"24 借

助中介物"。如何把这条创新原理中介物转换成创新方案?把创新原理转换成创新方案,是把一个抽象的概念转换成现实,主要靠逻辑分析与联系,其间也需要非逻辑思维。

要用摩擦焊把两根又粗又长又重的钢管对接起来,要求管子旋转,可是这么笨重的管子无法旋转,这就是要转又不能转。可是要旋转是绝对的,因为不转起来就不能摩擦焊。怎么才能转得起来呢?能不能找个别的东西代替管子旋转呢?创新原理借助中介物就是一个很好的提示,提示在摩擦焊接中采用中介物,让这个中介物转起来,这就不难想象出具体的办法。不使两长管直接接触,拉开一段距离,留一空档,放进一根短管,这就

图4-31 又粗又长的钢管

是中介物。让短管在两长管中间旋转起来,在轴向力的作用下,与两边的管子摩擦焊接起来。于是就把创新原理借助中介物转换成创新方案——一根短管在两长管之间旋转。

④ 豆浆机的一对物理矛盾　豆浆机(图4-32)内有一过滤网罩把豆浆和豆渣分开,但网眼很小,易堵又难清洗。所以这个过滤网罩既需要又不需要,这是一对物理矛盾。采用分离原理,选用空间分离,在表4-4中查创新原理,在空间分离一栏选取创新原理"2抽取"。

这里的问题是过滤罩被堵塞,不好清理。创新原理抽取很明确,就是要把过滤罩抽出来,从豆浆机中分离出来,单做一个开放式过滤盘(图4-33),清洗方便。豆浆做好后再过滤,也是时间分离。

图4-32　有过滤罩的豆浆机

图4-33　无过滤罩的豆浆机

⑤ 吃火锅的物理矛盾　吃火锅吃不到一起。有人很能吃辣椒,有人一点辣椒都不吃,怎能在一起吃火锅?吃辣椒与不吃辣椒,这是一对物理矛盾。

采用空间分离中的创新原理"分割",把一个物体分成相互独立的部分。即把火锅分割成两部分或几部分,将辣的、不辣的分开,如图4-34所示,或是分割成一人单独一个小火锅(图4-35)。于是就把创新原理"分割"转换成创新方案。

⑥ 巷战中的物理矛盾　巷战,战士应该在巷中以发现目标,又不应该在巷中以避免伤亡。应该在,又不应该在,这是一对物理矛盾。

图 4-34　鸳鸯火锅

图 4-35　单人小火锅

解决矛盾：既不在巷中，又在巷中。利用空间分离原理，把握住创新原理分割。巷战中是人拿着枪，人不可分割，只有分割枪。"把一个物体分成相互独立的部分"。把枪分成枪杆与枪托两部分，两部分之间可以弯折，这样就实现了分割，获得具体的创新方案。

图 4-36 是以色列巷战用 90°弯折枪。战士可以不在巷中，通过显示器观察巷中的敌情。这就是既不在巷中，又在巷中。

⑦ 一块菜地同时要全种白菜又要全种萝卜　两个人共有一块不可分的菜地。一人要全部种白菜，另一人要全部种萝卜，相反的要求，这是一对物理矛盾。

采用空间分离 1：要开发新品种。如图 4-37 所示，下面长萝卜（和叶分离），上面长白菜（和根分离），谓之萝卜白菜。这样，就可以满足在一块菜地里，同时种的全是白菜，又全是萝卜。日本农学家通过嫁接实现了在萝卜上面种白菜。

采用空间分离 2：采用分层种植，也可以做到在一块地上全部种白菜，又全部种萝卜，如图 4-38 所示。

图 4-36　弯折枪

图 4-37　萝卜白菜

图 4-38　分层种植

⑧ 手机的一对物理矛盾　手机的尺寸要小，便于携带。手机的屏幕要大，清晰。手机又要小，又要大，这是一对物理矛盾。采用空间分离，查表 4-4，在空间分离一栏可选到创新原理"17 一维变多维（空间维数变化）"。创新原理一维变多维（空间维数变化），向空间发展，于是把手机分割成两层，做成滑盖手机，屏幕可以做大（图 4-39）。

⑨ 鲁班的妻子发明了伞　鲁班发明了亭子（图 4-40）。他的妻子想做一个东西放在头上，像亭子一样能遮阳挡雨，要用的时候大，不用的时候小，这是一对物理矛盾。她发明了最早的伞，就是应用了空间分离，也是时间分离，如图 4-41 所示。

图 4-39　手机

图 4-40　亭子

图 4-41　伞

（2）时间分离的案例

① 飞机起飞升力要大，希望机翼要宽，飞行中要减少阻力，希望机翼要窄。机翼既要宽又要窄，这是一对物理矛盾。这对物理矛盾在不同的时段有不同的要求，应该采用时间分离。查表 4-4，在时间分离一栏可查到创新原理"15 动态特性"。创新原理"动态特性"，就是要求用运动解决矛盾。这里就是要求机翼是可动的，起飞时是宽的，在飞行中可以变窄，如图 4-42 所示。

② 自行车的物理矛盾　自行车在骑行时要有足够大的体积，不骑时要有小体积，便于收藏。体积既要大又要小，这是一对物理矛盾。查表 4-4 的时间分离栏，可以找到创新原理"15 动态特性"。从一般到特殊，根据创新原理动态特性，就是要使自行车活动起来，在不骑的时候，把自行车折叠起来（图 4-43～图 4-46）。

图 4-42　变翼机

图 4-43　自行车

图 4-44　折叠成圈

图 4-45　折叠成箱

图 4-46　折叠成包

③ 床是需要的又是不需要的　有的人住的房间很小，放了一张床就没空间了。如图 4-47 所示。其实，不睡觉的时候是不需要床的，睡觉的时候才需要床。所以，床是需要的，又是不需要的，这是一对物理矛盾。查表 4-4 的时间分离栏，可以找到创新原理"1 分割"。根据这一创新原理，把一个物体分割成相互独立的部分，即把床分割成可以相互运动的几个部分。

图 4-47　小房间放床

在睡觉需要床的时候，让床出现，在不睡觉不需要床的时候，不让床出现。如这里列举的 4 个例子：把床镶在墙内，需要的时候放下来的隐形床（图 4-48）；把床与沙发组合在一起的沙发床（图 4-49），需要的时候翻开就是床；把床与桌子、书架组合在一起的榻榻米床（图 4-50）；平时床是立起来的，不占地方，需要的时候翻下来就是床；还有简单的折叠床（图 4-51）。这些例子既是时间分离，也是空间分离。

图 4-48　隐形床

图 4-49　沙发床

图 4-50　榻榻米床

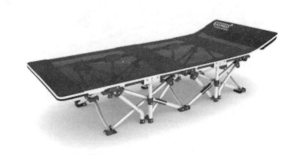

图 4-51　折叠床

④ 在十字路口采用空间分离，使不同方向的人车分流，也可以采用时间分离。

采用时间分离，查表 4-4 在时间分离一栏，可选择创新原理"19 周期性动作"。创新原理周期性动作，是说十字路口两方向车辆要周期性开停。一个方向的车辆开，另一个方向的车辆就停，轮流动作，防止撞车。要给两方向的车辆周期性发出开停信号，这就是在十字路口中间立起的红绿灯。用红绿灯，使十字路口的车辆在时间上分离。于是，这两条创新原理帮助我们获得创新方案——红绿灯。如图 4-52 所示。

⑤ 折叠伞　正如前面的例子鲁班的妻子发明了伞，但是人们在阴天出门带上伞，由于伞的不方便携带带来了诸多的麻烦，要是不带就可能就被雨淋湿，所以下雨天带上伞与晴天不带伞可以利用时间分离来解决这一矛盾，于是折叠伞就诞生了。如图 4-53 所示，用时张开，不用时收缩，是时间分离，也是空间分离。

图 4-52　交通红绿灯

（3）条件分离的案例

① 高台跳水　高台跳水要求水要硬，防止运动员撞击池底。为了防止高速入水（图4-54）的运动员受伤，水又应该软。水要硬又要软，这是一对物理矛盾。对于一个具体的物理矛盾，采用哪种分离形式是可以判断的。这里是游泳池，既不可采用空间分离，也不可以采用时间分离，采用条件分离，看需要什么条件能满足要求。查表4-4中的条件分离栏，选择适当的创新原理"35 物理或化学参数变化"。采用物理参数改变水的密度。向游泳池的水中打入气泡，降低水的密度，使水变得柔软一些，防止运动员受伤。这样就把创新原理转换成创新方案——向水中打入气泡。

图4-53　折叠雨伞

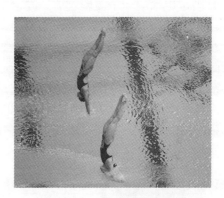

图4-54　高台跳水入水

② 十字路口需要又不需要这对物理矛盾，前面采用空间分离和时间分离（红绿灯）的方法解决。也可以用条件分离的方法解决。

采用分离原理中的条件分离，查表4-4中的条件分离栏，选择适当的创新原理"14 曲率增加（曲面化）"。这条创新原理有3条比较具体的细则：a. 将直线、平面用曲线或曲面替代；b. 使用滚筒、球状、螺旋状的物体；c. 改直线运动为回转运动。显然"改直线运动为回转运动"这条创新原理有用。十字路口的汽车都是直线通过路口。正是直线运动造成面对面的撞车。那么改直线运动为回转运动又如何呢？显然，4个路口出来的车辆，都不走直线，都是同一个方向向右转转圈，岂不就不会面对面撞车了吗？这正是这条创新原理给予了我们重要的启示。为了使4个路口出来的车辆转得开，就专门在十字路口修一个转盘道（图4-55）。各路进入转盘的车辆都向右逆时针行驶，这是分离条件，再右转进入要去的路口。

③ 眼镜的条件分离　人们通过眼镜既想看远处，又想看近景。通过眼镜，既要看远又要看近是典型的物理矛盾。如何解决这一矛盾呢？使用分离原理中的条件分离。查看表4-4，可以得到发明原理"35 物理或化学参数变化"，改变眼镜的参数，就产生了可调焦距眼镜，如图4-56所示。

图4-55　转盘道

图 4-56　可调焦距眼镜

（4）系统级别分离的案例

①固定电话的一个物理矛盾　固定电话话筒与机体用电线连在一起（图 4-57），人在打电话时不能离开。为了某种需要人又必须离开。要离开又不能离开，这是相反要求，是一对物理矛盾。查表 4-4 中的系统级别分离栏，选择适当的创新原理"1 分割"。这里的问题是话筒用电线与主机连在了一起，创新原理分割提示我们，要将电线与这种机械分开，用什么系统来分开？这里是连接信号。就是话筒去掉电线，与主机用电磁场联系。于是就开发了无绳电话、子母机（图 4-58）。子机可以和母机组合在一起，也可以分开成为一个独立的部分，打电话时，就可以拿着子机离开母机到别处去。这里就是将创新原理分割转换成一个创新方案。

图 4-57　固定电话

图 4-58　子母机

②家里要定做一面墙大小的柜子，又高又大，可是门小拿不进来。柜子要大又不能大。这是一对物理矛盾。

采用系统级别分离来解决这一矛盾，利用"转移到子系统中"的发明原理分割和组合，做成组合式柜子。部分做成小柜子，拿进门以后组装成整体大柜子，满足了又大又小的要求。

③挖斗应该报废又不应该报废　挖掘机（图 4-59）的挖斗，其挖口部分有一排齿，虽是用耐磨材料做成，但还是免不了摩擦，磨损到不能使用的程度。如果这些齿和斗做成一个整体，整个挖斗都要报废，可是挖斗其余部分还可以使用，是不应该报废的。于是，出现了应该报废又不应该报废的矛盾，这是相反的要求，是一对物理矛盾。采用系统级别分离，利用"转移到子系统中"的发明原理分割，将挖掘齿单独做成一个部分，与挖斗装配在一起，形成部分与整体可分离。当挖掘齿磨损要报废时，卸下来，再换上一副新的挖掘齿（图 4-60），不必整体报废挖斗。

图 4-59　挖掘机

图 4-60　挖斗

④ 建筑基础打尖桩存在的物理矛盾　打桩（图 4-61）的时候桩要尖（图 4-62），容易打入；打到位以后，不要尖，以提高承载能力。要尖又不要尖，这是一对典型的物理矛盾。可以采用 4 种分离方法。究竟采用哪一种，要根据具体情况而定。

图 4-61　打桩

图 4-62　尖桩

空间分离：在桩的上端固定一个锥盘（图 4-63）。打好桩以后，由锥盘提高承载力。
时间分离：在桩内尖端位置装炸药，桩打好后引爆炸药，将桩尖炸掉（图 4-64）。

图 4-63　加锥盘

图 4-64　炸掉桩尖

条件分离：在桩的下端装一螺旋，不采用打入，改用旋入（图 4-65），螺旋部分提高承载能力。
系统级别分离：把较粗的尖桩分成若干细的尖桩组装在一起（图 4-66），提高承载力。

图 4-65　靠螺旋旋入

图 4-66　一束细桩

4.2.4　物理矛盾解题训练

TRIZ 中的物理矛盾主要用分离原理解决，具体有四种解法：时间分离，空间分离，基于条件的分离和系统级别的分离。使用时应该逐个尝试，深入思考，切忌浅尝辄止。下面是几个典型的案例。

例 1　拥堵的十字路口，如何解决？（图 4-67）

① 运用空间分离原理解决十字路口问题：采用高架桥、深槽路和地下通道（消除十字路口）；

② 运用时间分离原理解决十字路口问题：使用红绿灯，让车辆分时通过；

③ 运用基于条件的分离原理解决十字路口问题：在十字路口使用转盘，四个方向的车流到达路口后，均进入转盘，形成减速和分流。其所遵循的条件是，遇到该去的路口就右转弯，否则就逆时针绕着转盘行驶。

图 4-67　拥堵的十字路口

④ 运用系统级别分离解决十字路口问题：将十字路口设计成两个丁字路口，延缓一个方向的行车速度，加大与另外一个方向的避让距离。

例 2　停车场占据太多的空间，导致绿化面积越来越少？（图 4-68）

停车场问题为地面硬还是软？硬（水泥）可以停车，软（土地）可以种草。利用空间分离原理解决：何处需要硬：停车处；何处需要软：植草处。应用 TRIZ 原理解决得到蜂巢格室停车场，如图 4-69 所示。

例 3　有些人的眼睛既是近视眼，又是花眼。看远处的东西需要屈光度低（近视），看近处的东西需要屈光度高（老花）。既要低又要高，这是眼睛的一对物理矛盾。如何解决这种人看远处和看近处的矛盾呢？可以采用 4 种分离方法。

空间分离：把近视镜和老花镜做在一副眼镜上。上面是屈光度低的近视镜，下面是屈光度高的老花镜。看远看近比较方便，老花镜面积小，视野受到一定限制（图 4-70）。

时间分离：看远处时用近视镜，看近处时用老花镜。要用两副眼镜，不方便。

条件分离：已经发明一种"动态化"的双光眼镜。触动一个开关，就可以将近视镜转换成老花镜。在眼镜的双层玻璃之间夹了一层液体结晶调焦。由于加入了一些零件，结构变得复杂，很贵，如图 4-56 所示。

系统级别分离：将原来的一片镜片，改成双层镜片（一凹透镜和一凸透镜）。当用单一凹透镜时，就是近视镜；再叠上另一凸透镜时，就成为老花镜（图 4-71）。

图 4-68　停车场

图 4-69　蜂巢格室停车场

图 4-70　近视加老花

图 4-71　整体与部分

第5章 TRIZ 的解题流程

5.1 TRIZ 的解题流程概述

TRIZ 是一种解决发明问题的高效的工具，运用 TRIZ 理论，可以大大加快人们解决技术难题、实现发明创造的进程，而且能得到高质量的创新产品。可以说，TRIZ 是创新的捷径（图 5-1）。

图 5-1 TRIZ 是创新的捷径

那么，当我们遇到一项技术难题的时候，该如何运用 TRIZ 理论进行求解呢？

一般来说，解决问题要经过问题描述、问题分析、问题求解和方案评价等几个步骤（图 5-2）。其中，问题分析和求解是解题过程的核心，TRIZ 提供了大量的工具用于分析和求解，下面进行详细的介绍。

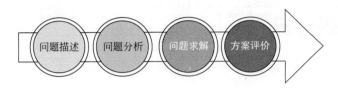

图 5-2　TRIZ 的解题流程

5.2　问题描述

当一项技术难题确立以后，我们首先需要对问题进行描述，目的是使问题更加清晰、明了、准确。

问题描述部分通常包括问题产生的背景、问题的由来、问题的定义等。

定义问题时，我们通常首先把问题所发生的设备、区域等划分为一个技术系统。这个技术系统由若干相关联的组件组成，能够完成一定的功能。与完成该功能有关的环境（也包括技术系统本身）称为超系统。组成超系统的组件称为超系统组件。技术系统如果有必要进一步细分，我们还可以分出若干子系统，每个子系统完成一定的基本功能。例如，眼镜是一个技术系统，它的功能是折射光线，那么与之相关的眼睛、鼻子、耳朵等都属于超系统，而镜片、镜框、镜腿等都是组件，如果有必要进一步细分，那么又可以把镜框等看作是眼镜的子系统（图 5-3）。

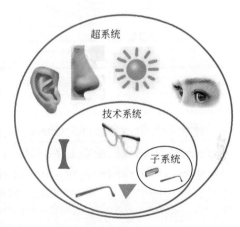

定义技术系统时应注意：一定要把需要解决的问题包含在技术系统中；系统组件可多可少，但都应与要解决的问题有直接或间接的关系，没有关系的组件，如果将来在解决问题的时候可能加以利用，那么也可以列为系统组件。

图 5-3　眼镜的系统层

技术系统的作用对象又称制品，是技术系统发挥功能的承受体，被认为是一种特殊的超系统组件。例如，车床的功能是加工零件，零件就是车床的作用对象。

定义完技术系统、技术系统的功能、技术系统的工作原理、技术系统存在的问题，最好还要将该问题出现的时间、位置、条件以及目前是采用什么方法解决的，该方法有何缺陷等逐一说明。

最后还应当说明我们对问题解决以后的新系统的要求或期望，或者给出最终理想解。所谓最终理想解，是指在解决问题之前，将各种客观限制条件理想化而得到的一种假想的解决结果，又称 IFR（Ideal Final Result），其目的是给出解决问题所努力的方向，避免盲目性。最终理想解是难以达到的，我们常常退而求其次，即寻求所谓的"次理想解"。例如，割草机在割草的时候刀口要被磨损而变钝，如果有一种永远不被磨损的刀片该多好啊！这是最终理想解；我们很难找到这样的材料，但我们可以让刀片在磨损的时候同时研磨，始终保持刀口的锋利，这是次理想解。

5.3 问题分析

问题分析包括组件功能分析、裁剪、因果分析和资源分析等。

5.3.1 组件功能分析

组件功能分析就是要弄清楚，我们所研究的技术系统是由哪些组件构成的，每个组件的功能是什么，组件与组件之间的关系是什么，以及这些关系或相互作用的性质如何，是有用的还是有害的，是过度的还是不足的等，从而进一步明确技术系统所存在问题的关键所在。

组件功能分析通常要建立组件功能模型，用组件功能图来表示。组件功能图的常用图例如图 5-4 所示。

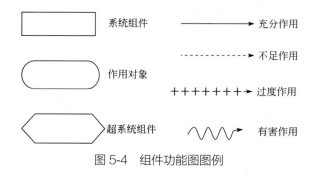

图 5-4　组件功能图图例

技术系统中，各组件之间的相互作用包括充分作用、不足作用、过度作用和有害作用等。充分作用是我们所需要的有利的作用，不足的和过度的作用也是有利的，但是需要补足或削弱，有害作用则是我们所不期望的，应予以消除。例如，用夹具夹持工件，如果工件没有夹紧掉了下去，是夹持作用不足；如果工件被夹扁，是夹持作用过度了；夹具对工件表面的损伤则是有害作用。

组件的功能是指组件相互作用中那些有利的作用。每个组件功能的正常发挥，都对整个技术系统的功能起着重要的作用。一个组件通过其功能改变了其他组件的参数，我们在描述组件功能的时候应予以体现。对组件功能的描述，应尽可能地接近事物的本质，例如牙刷的功能描述为"去除牙屑"，而不是"清洁牙齿"；钢盔的功能是"挡住子弹"，而不是"保护头部"。在描述组件功能的时候尽量使用最基本、最抽象的肯定性词语。如支撑、容纳、加热、冷却、移动、引导、去除、保持等。在组件功能图中，我们通常把这些词语写在表示组件相互作用的线条旁边。图 5-5 为眼镜的组件功能图。

通过组件功能分析，我们能够从技术系统内部找到产生问题的组件，把问题的范围缩小，便于问题的解决；也能够找到那些效能不高的组件，如果其功能能够由其他组件完成，则可以对之进行裁剪，以使系统简化，提高产品的价值。对于新产品的设计，应用组件功能分析可以拓宽设计思路，开发出更理想的产品。

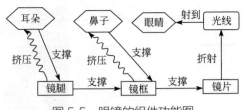

图 5-5 眼镜的组件功能图

在建立组件功能模型的时候需要注意以下几点：
① 组件数量和级别的选取应以满足分析为准；
② 组件既可以是物质也可以是场；
③ 功能相同或相似的多个组件可以看成是一个组件；
④ 作用对象如果在过程中状态、数量发生了变化，可以按多个对象处理；
⑤ 存在问题的技术系统，其组件功能模型中组件之间一定存在不足、过度或有害等作用。

5.3.2 裁剪

在组件功能分析的时候，我们会发现，有些组件对技术系统的功能发挥是至关重要的，有的只是起到辅助作用；有些组件非常复杂，成本较高，有些组件则相对简单；而有些组件甚至产生了有害的作用。那么，我们有必要做些思考：这些组件都是必需的吗？它们的功能能否由别的组件来完成？是否可以用更廉价的方法来完成组件的功能等。

裁剪（Trimming）就是通过删减技术系统中存在问题的组件来实现系统的改进。通过裁剪，能够降低系统的成本、优化系统的结构、提高系统的效率和理想化程度等。此外，裁剪还是进行专利规避的一种方法。

那么哪些组件可以被裁剪呢？一般来说，裁减对象的确定应遵循以下原则：
① 导致技术系统出现问题的组件或产生有害作用的组件；
② 技术系统中价值最低的组件；
③ 被删除组件的功能能够被系统内其他组件或超系统组件所完成。

这里提到了组件价值的概念。我们在裁剪之前，可以对技术系统的各组件进行价值分析。

组件价值（Value）等于组件的功能（Function）与组件成本（Cost）的比值。

有学者把组件的功能划分为基本功能、辅助功能和附加功能。

如果组件功能的作用目标是技术系统的作用对象，那么这个功能是基本功能，记为 3 分；如果组件功能的作用目标是超系统组件，我们称这个功能是附加功能，记为 2 分；如果组件功能的作用目标是系统中的其他组件，我们称这个功能是辅助功能，记为 1 分。这样，我们就可以结合组件的成本对组件的价值得到一个量化的评价，根据这个评价，我们可以决定对价值最低的组件进行裁剪。

仍以眼镜为例。根据眼镜的组件功能（图 5-5）分析得知，镜框起支撑镜片的作用，镜框对支撑它的鼻子产生挤压作用，属于有害作用，同时，鼻子对镜框的支撑作用不足，经常下滑。因此，考虑将镜框裁剪，其功能由眼睛来承担，为镜框服务的镜腿自然也一并被裁掉。裁剪后眼镜的组件功能图如图 5-6 所示，图 5-7 为隐形眼镜。

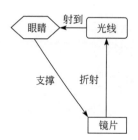

图 5-6 裁剪后眼镜的组件功能图

图 5-7 隐形眼镜

5.3.3 因果分析

在组件功能分析完成以后，我们应当弄清楚，导致系统出现问题的关键环节在哪里，这些环节中所涉及的组件之间存在着哪些不足作用、过度作用或者有害作用等。接下来我们就要分析产生这些作用的原因是什么，这就是因果分析。

因果分析也叫根原因分析，其目的是为了找到问题产生的根本原因，以便寻求解决问题的入手点。

因果分析的方法有多种，如五个"为什么"、故障树、鱼骨图、因果矩阵分析等。其中用得比较多的是五个"为什么"法和鱼骨图法。

（1）五个"为什么"法

五个"为什么"（5 Why）法是指从结果入手，沿着因果关系链，通过不断地追问"为什么"，从而找到隐藏在问题背后的根本原因。俗话说："顺藤摸瓜""打破砂锅问到底"就是这个道理。

例 1 丰田汽车公司前副社长大野耐一先生曾举了一个例子来找出停机的真正原因。有一次，大野耐一在生产线上的机器总是停转，虽然修过多次但仍不见好转。于是，大野耐一与工人进行了以下的问答。

一问："为什么机器停了？"答："因为超过了负荷，保险丝烧断了。"
二问："为什么超负荷呢？"答："因为轴承的润滑不够。"
三问："为什么润滑不够？"答："因为润滑泵吸不上油来。"
四问："为什么吸不上油来？"答："因为油泵轴磨损、松动了。"
五问："为什么磨损了呢？"再答："因为没有安装过滤器，混进了铁屑。"

经过连续五次不停地问"为什么"，才找到问题的真正原因和解决的方法，在油泵轴上安装过滤器。如果没有这种追根究底的精神来发掘问题，我们很可能只是换根保险丝就草草了事，真正的问题还是没有解决。

例 2 杰弗逊纪念堂坐落于美国华盛顿，是为了纪念美国第三任总统托马斯·杰弗逊而建的。杰弗逊纪念堂的外墙采用花岗岩，近年来发现花岗岩脱落和破损严重。专家们经过研究发现：

① 脱落和破损的直接原因是经常清洗，而清洗液中含有酸性成分，为什么需要用酸性清洗液？

② 花岗岩表面特别脏，因此使用去污性能强的酸性清洗液。究其原因脏污主要是由于鸟粪造成的。为什么这个大楼的鸟粪特别多？

③ 楼顶上经常有很多鸟,为什么鸟愿意在这个大厦上聚集?
④ 大厦上有一种鸟喜欢吃的蜘蛛,为什么大厦的蜘蛛特别多?
⑤ 楼里有一种蜘蛛喜欢吃的虫,为什么这个大厦会滋生这种虫?
⑥ 因为大厦采用了整面的玻璃幕墙,阳光充足,温度适宜。

至此,解决方案就明显而简单了:拉上窗帘。

通过这两个例子,我们知道了五个"为什么"法如何使用。需要注意的是:五个"为什么"在于找到问题的根本原因,不在于问多少个为什么,当不能继续找到下一层的原因,或者达到了自然现象、制度、法规、权利、成本等限制,我们不能够改变时,就可以停止提问。一个结果可能由多个原因造成,这样就会出现分支,形成像树一样的因果关系。我们通常需要画出因果分析图来表示。眼镜下滑的因果分析如图5-8所示。

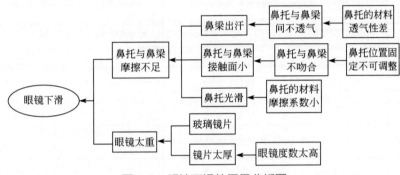

图5-8 眼镜下滑的因果分析图

(2)鱼骨图法

鱼骨图,又名因果图(图5-9),是一种发现问题"根本原因"的分析方法,由日本管理大师石川馨先生所发明,所以又叫"石川图"。鱼骨图把问题以及原因采用类似鱼骨的图样串联起来,鱼头是问题点,鱼骨则是原因,而鱼骨又可以分为大鱼骨、中鱼骨、小鱼骨等,必要时还可以再细分下去。鱼骨图分析法与头脑风暴法结合是比较有效的寻找问题原因的方法之一。

对于制造类的问题,可以按照"人员""机器""材料""方法""环境""测量"六个方面查找原因。对于服务与流程类的问题,可以从"人员""政策""过程""地方""环境""测量"六个方面查找原因。

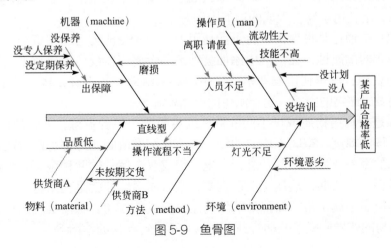

图5-9 鱼骨图

5.3.4 资源分析

系统在执行功能的时候需要占用和消耗资源。对资源的利用情况，是评价技术系统理想度的重要依据。由于资源关系到系统功能的完成和运行成本，因此，有必要对资源进行认真的分析。

（1）资源的分类

一般来说，资源可以分为自然或环境资源、时间资源、空间资源、系统资源、物质资源、能量或场资源、信息资源和功能资源八类，见表 5-1。

表 5-1 资源分类

序号	资源类型	意义	实例
1	自然或环境资源	自然界中任何存在的材料或场	太阳能电池，斜井靠重力下放矿车，放顶煤开发工艺
2	时间资源	系统启动之前、工作之后、两个循环之间的时间	采煤机割煤同时装运煤，做饭时炒菜的同时焖米饭
3	空间资源	系统及周围可用的闲置空间（如上、下、内、外、正、反面及其他维度、嵌套、空腔等）	某种产品包装中有本企业其他产品的广告，在一种农作物的株距之间种植另一种农作物
4	系统资源	当改变子系统之间的连接、超系统引进新的独立技术时，所获得的有用功能或新技术	采煤机与装载机的功能结合形成连续采煤机，扫描与打印的功能结合形成影印功能
5	物质资源	系统内或超系统任何有用的材料或物质	利用生活垃圾代替煤作为燃料进行发电，渔夫把湖底的泥堆到一端用其上的生物来吸引鱼类
6	能量或场资源	系统中或超系统中任何可用的能量或场	热电厂的冷却水供暖，风力发电，水力发电，太阳能热水器
7	信息资源	系统中任何存在或能产生的信号	加工中心正在加工的零件误差可用于在线补偿
8	功能资源	系统或是环境能够实现辅助功能的能力	刮板输送机兼作采煤机的轨道

（2）资源的寻找和利用

资源从来源上分为系统内部资源和系统外部资源，又可以分为现成资源、派生资源和差动资源。

现成资源是指在当前存在状态下可以被利用的资源，如物质、场、空间和时间资源都是可以被多数系统直接利用的现成资源。例如自然界的空气、阳光、重力、水流、煤炭等；再例如中医通过望诊来获取健康信息，那么面色等就属于现成的信息资源；站在凳子上够取高处的东西，是利用了凳子现成的功能资源等。

派生资源是指通过某种变换，将不能利用的资源转变成为可利用资源。例如，为了防止溶液对金属容器的腐蚀，在溶液中添加缓蚀剂与金属容器反应形成致密的保护膜，就属于派生的物质资源；汽车利用发动机的产生的热量给驾驶室供暖，属于派生的能量资源；将床板的下面做成储物的空间，属于派生的空间资源等。

差动资源是指利用物质或场不同的特性或参数所产生的资源，如物质的结构相异性、材料相异性、场的梯度、空间不均匀的场、场值与标准值偏差等都可以形成差动资源。例如，利用海水的温差或河流的落差进行发电；组成双金属片的两种金属，受热时由于热膨胀系数的差异而发生弯曲，这属于差动资源，双金属温度计就是利用这一原理制成的；超声波探伤是利用了金属正常与缺陷处的结构差异形成的差动资源而实现的；病人的脉搏与正常人标准脉搏的差异形成了差动资源，利用它可进行疾病的诊断等。

资源的寻找可以结合九屏幕法进行，优先选用系统内部的或者是廉价的、容易获得的资源。最后，将可用的资源列到如表 5-2 所示表格里面。

表 5-2 资源列表模板

	资源类别	资源名称		资源类别	资源名称
系统内部资源	物质资源		系统外部资源	物质资源	
	场资源			场资源	
	其他资源			其他资源	

5.4 问题求解与方案评价

经过因果分析，我们找到了技术系统出现问题的一个或多个根本原因，这样我们就确定了解决问题的入手点。

围绕根本原因，我们首先尝试对问题进行初步解决。在解决的过程中，如果出现了技术矛盾或者物理矛盾，那么我们可以使用矛盾矩阵和 40 个发明原理或者分离原理进行解决；如果是面临"如何做"的问题，可以使用物场模型和 76 个标准解系统进行求解，或者使用"How to 模型"结合知识效应库进行解决；如果是遇到系统需要改进的问题，则可以考虑使用技术进化与进化法则进行求解。在问题求解的过程中，我们还可以综合利用 TRIZ 提供的思维工具，如小人法、金鱼法等进行分析，帮助思考。

最终，我们需要根据 TRIZ 得到的提示，结合相关的专业知识给出初步的问题解决方案。

得到的方案可能有多个，我们需要对这些方案进行综合评价。方案的评价通常从技术方面，如可靠性、安全性、易实现性、能源消耗等和经济方面，如成本等进行考虑，还要对方案的社会影响，如环境污染等综合进行考虑。评估可以是定性的，也可以按照指标分值及权重定量进行，通常将评价的结果列在一张表里。得到的最终方案可以是上述方案中的某一个方案，也可以是某几个方案的综合。

TRIZ 解题工具的选择与解题流程，见图 5-10。

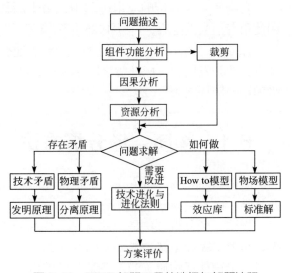

图 5-10 TRIZ 解题工具的选择与解题流程

第6章 物质-场分析与标准解

在科学研究中，模型是对系统原型的抽象，是科学认识的基础和决定性环节，通过科学抽象，就可以利用模型来揭示研究对象的规律性。在这一章中，我们来了解对技术系统进行简化和建模的 TRIZ 方法——"物质-场"模型，简称"物场"模型，它是一种用图形化语言对技术系统进行描述的方法，用符号语言清楚地表达技术系统的功能，正确地描述系统的构成要素以及构成要素之间的相互联系，也是理解和使用标准解系统的基础。

在物质-场分析的应用过程中，由于面临的问题复杂而且广泛，物质-场模型的确立和使用有相当的困难，所以 1985 年阿奇舒乐为 TRIZ 物质-场模型创立了标准解。

标准解适用于解决标准问题，并能快速获得解决方案，在生产实践中通常用来解决概念设计的开发问题。标准解是阿奇舒乐后期进行 TRIZ 理论研究的重要成果，也是 TRIZ 高级理论的精华之一。

6.1 物质-场分析方法

所谓物质-场分析方法，是指从物质和场的角度来分析和构造最小技术系统的理论和方法学。物质-场分析方法是 TRIZ 中一种常用的解决问题的方法。

物质-场分析方法是一种与现有技术系统相关联的问题建模方法，它所构建的每个系统，是为了完成某些功能要求而存在的，它所希望的功能是：物体或者物质（S1）的输出是另一个物体或物质（S2）在某些场的作用下引发的。物质-场分析方法，研究的是最佳的已经结构化的问题。做好物质-场分析，要求使用者具有更多的技术知识，例如工程知识、实现物理效应的知识等。

物质-场分析方法同样遵循着 TRIZ 中解决问题的一般流程，物场模型作为问题模型，中间工具是标准解法系统，对应的解决方案模型是标准解法系统中的标准解。标准解法系统提供的是较为具体的解决方案的模型，所以很多专家都喜欢用物场理论和标准解法系统去解决实际问题。

阿奇舒乐对大量的技术系统进行分析后，发现一个技术系统，如果想发挥其有用的功能，就必须至少构成一个最小的技术系统，这个最小的系统模型应当具备三个必要的元素：两个物质和一个场。物质－场的基本模型如图6-1所示。

物质－场分析方法引入了三个基本概念：物质、场、相互作用。

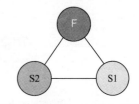

图6-1　物质－场的基本模型

"物质"指任何一种物质，可以是任何实质性的东西，因此物场模型中所说的物质比一般意义上的物质含义更广一些，它不仅包括各种材料，还包括技术系统、外部环境，甚至活的有机体。

"物质"可以是自然界的任何东西，如桌子、房屋、空气、水、地球、太阳、人、计算机等，物质的代号是S。对一个系统中的多种物质，可以利用下角标的序号来加以区分，S1、S2、S3等，通常我们用S1来表示被动作用物体，用S2来表示主动作用物体，用S3来表示被引入的物质。

"场"是物质引起粒子相互作用的一种物质形式，它的概念同样有别于物理学中的场，物理场的相互作用只有四种，即重力场、电磁场、强相互作用场，弱相互作用场，这些场的作用解释了自然界中所有过程。但是对于工程技术来说，这样分类是不够的，技术系统对各种场的定量和定性特性非常"敏感"。因此，在物质－场分析中，我们使用了更细的分类法，如力场（压力、冲击力、脉冲），声场（超声波、次声波），热能场，电场（静电、电流），磁场，电磁场，光场，化学场（氧化、还原、酸性环境、碱性环境），气味场等。只要物质之间存在相互作用，如拍打、承受、毒害、加热等，都可以称其为物场模型中的一种"场"，场的代号是F，对于一个系统中的多种场，可以利用下脚标的序号加以区分，如F1、F2、F3等。

"相互作用"是指在场与物质的相互作用与变化中所实现的某种特定功能。物质－场中物质之间彼此相互作用的符号及含义，如表6-1所示。

表6-1　常用的相互作用表示符号

符号	意义	符号	意义
⟶	期望的作用	⤳	有害的作用
⇢	不足的作用	⇨	改变的模型

物场模型的三定律：
① 所有的系统都可以分解为三个基本要素（S1、S2、F）；
② 一个完整的系统必定由这三个基本要素组成；
③ 将相互作用的三个基本要素进行有机组合将形成一个功能。

利用物质和场来描述系统问题的方法，叫做物质－场分析方法，有时候我们也称为物质－场理论。在分析某个系统的问题时，建立起的这种用物质和场描述的模型，就叫做物场模型。

例1　铣刀切割零件

铣刀和零件是这一系统的两种物质，切割力是它们之间的相互作用场，这种场被称为机械场，建立起的物场模型如图 6-2 所示。

例 2 吸尘器清洁地毯

这一系统中，吸尘器和地毯是两种物质，吸力是相互作用的场，其物场模型如图 6-3 所示。

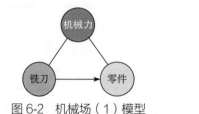

图 6-2 机械场（1）模型　　　　图 6-3 机械场（2）模型

6.2 物场模型的种类

物场模型可以用来描述系统中出现的结构化问题。这些问题的类型主要有以下四种：

① 有效完整模型　系统的三个元素都存在，而且有效；
② 不完整模型　组成系统的元素不全，缺少物质或场；
③ 效应不足的完整模型　三个元素齐全，但效应不足；
④ 有害效应的完整模型　元素齐全，但产生有害效应。

对于第①种情况，系统一般不存在问题。TRIZ 中重点关注和解决的是不完整模型、效应不足的完整模型和有害效应的完整模型三种情况。下面针对具体问题，应用不同类型的物场模型描述问题。

（1）有效的完整模型

例 3 磁铁通过磁场吸引铁片。

磁场 F 作用于磁铁 S2 上，使磁铁 S2 对铁片 S1 产生影响，从而改变 S1 所处位置状态，达到预期效果。将其用物场模型描述就是图 6-4。

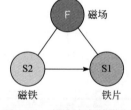

图 6-4 有效的完整模型

（2）不完整的模型

例 4 抛锚的汽车停在马路上，前来的拖拽车要利用机械力将其拖走。

图 6-5 物场模型中 S1 为抛锚的汽车，S3 为拖拽车，F 为机械场。由于 S3 不直接接触 S1，不能将场的作用充分传递给 S1，此物场模型不能使全系统运转起来。

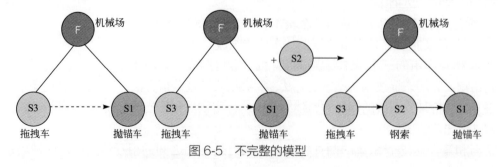

图 6-5 不完整的模型

针对两个要素不能直接接触的问题，可以加入钢索将两车连到一起，形成机械场的传递，增强其可控性，从而达到让系统运转的目的。

其中S2代表添加的钢索。S2为直接对S1产生作用的要素，它对S1产生作用的来源为F和S3对其的作用，S2和S3同时受F机械场的作用。

（3）效应不足的完整模型

例5 冬季供暖不足，人们觉得寒冷。

其用物场描述就是：F为暖气系统产生的热场，S1为人，S2为室内的空气。即热场作用于S2室内的空气，空气受到激活，作用于S1人身上。

但由于F热场产生的能量不足，作用不足，对S2空气的激发作用不够，从而导致S2对S1作用不足，取暖效益不明显，对S1产生的影响未能达到预计效果。模型如图6-6所示。

（4）有害效应的完整模型

例6 现代社会中的白领女性常年与计算机打交道，深受电磁辐射的危害。特别是其怀孕时期，长期的电磁辐射无疑会对将来的宝宝的健康造成影响。此问题的物场模型如图6-7所示。

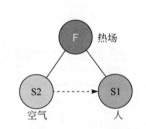

图6-6 效应不足的完整模型

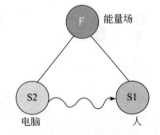

图6-7 有害效应的完整模型

利用物场模型来分析和解决问题，就是要把后三种物场模型中的不足的、过度的、有害的作用消除掉，将其转换成第一种（有用并且充分的相互作用）物场模型。

6.3 物质-场分析的一般解法

TRIZ重点关注后三种模型，提出了六种应用物质-场分析的一般解法，给出了具体的解决措施，见表6-2。

表6-2 物质-场分析的六种解法

编号	存在的问题	具体解决措施
1	不完整模型	补充缺失的元素（物质、场），使模型完整
2	有害模型	加入第三种物质，阻止有害作用
3		引入第二个场，抵消有害作用
4	不充分模型	引入第二个场，增强有用的效应
5		引入第二个场和第三个物质，增强有用的效应
6		引入第二个场或第二个场和第三个物质，代替原有场或原有场和物质

构造物场模型,通常遵循如下所示的工作流程,即
① 识别元件,定义模型中的三个要素;
② 构建模型;
③ 从 76 个标准解中选择合适的解作为解决方案;
④ 进一步发展解,以达到系统的有效和完善;
⑤ 实现具体解;
⑥ 探求另外的可行解。

解法 1 当系统中的物场模型为不完整模型时,可以补全缺失的元素,使模型完整。

例 7 用锤子钉钉子(图 6-8)
只有钉子(目标物质 S1)不行;
只有锤子(工具物质 S2)也不行;
有了钉子和锤子,没有人的手臂用力(机械场 F)同样不行。
只有当三个因素同时具备时,才能完成钉下钉子的任务。

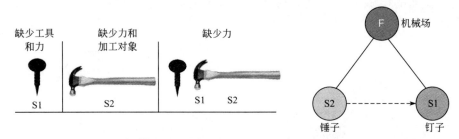

图 6-8 锤子钉钉子的物场模型

解法 2 在系统中,当物质与场都齐备,但是相互之间的作用是一种不期望得到的作用,或者说是一种有害作用时,可以应用解法 2。

例 8 轧辊表面喷涂隔离润滑油
在铝带轧制过程中,为了防止轧辊与铝带的粘连,在轧辊表面喷涂隔离润滑油。
在这个例子中没有喷涂隔离润滑油之前,其物场模型可以用图 6-9(a)表示,显然,S2 与 S1 之间的相互作用是我们不期望看到的。为了抑制这种作用,引入 S3 隔离润滑油。引入 S3 之后,其物场模型可用图 6-9(b)表示。

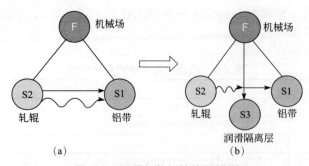

图 6-9 铝带与轧辊的物场模型

解法 3 若在系统中同时存在有用和有害的作用,且两个物质之间要求必须直接紧密

相邻，则可引入场第 2 个场 F2，建立双物场模型，其中场 F1 是用来实现有用作用，场 F2 是用来中和有害作用或将有害作用转化为另一个有用功能。

例 9 骨折病人的理疗

医生对腿骨折的病人进行外科手术后，用支撑架通过机械场作用在腿上将其固定，往往会导致肌肉萎缩，通过施加脉冲电场对肌肉进行理疗，以刺激肌肉并阻止肌肉萎缩。如图 6-10（b）所示。

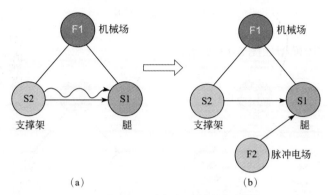

图 6-10 腿、支架组成的物场模型

解法 4 可以考虑利用引入第二个场增强有用效应的措施，使系统中的相互作用变得充分。

例 10 有噪声的网（防止海豚误入捕鱼网）

海豚看不到渔网，是利用声波定位的，在渔网上添加呈塑料球面或抛物面状的活性声波辐射器，用结构化的场替代非结构化的场，提高海豚定位信号的反射。如图 6-11 所示。

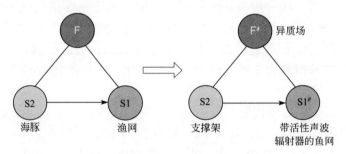

图 6-11 渔网、海豚组成的物场模型

解法 5 引入第二个场和第三种物质增强有用的效应。

例 11 内燃机进出气阀的控制

为提高可控性，将内燃机进出气阀的运转由通常的转动轴控制改为用电磁铁来控制。如图 6-12 所示。

解法 6 当物场模型为不充分模型时，也可以考虑引入第二个场或第二个场和第三个物质，代替原有场或原有物质和场。

例 12 清除小广告

在城市中，小广告张贴得到处都是，怎样清除小广告是一个令人头疼的问题。为了清除小广告，可以利用刷子清除，然而效果并不理想。引入另一个场（蒸汽场）代替机械场，

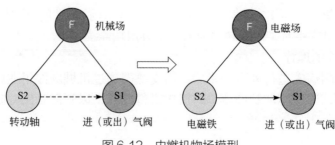

图 6-12 内燃机物场模型

效果非常理想，其物场模型如图 6-13 所示。

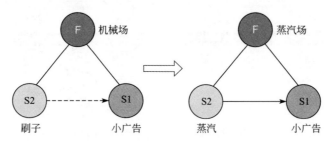

图 6-13 广告与刷子组成的物场模型

6.4 标准解系统

不同学科在解决问题时，首先需要建立一个问题模型，以分析问题、揭开问题实质和发现潜在问题。在物质 – 场分析方法的应用过程中，由于所面临的问题复杂又包含广泛，物场模型的确立、使用有相当的困难，所以 TRIZ 理论为物场模型提供了现成模式的解法，称为标准解法，共 76 个。标准解法通常用来解决概念设计的开发问题。

76 个标准解决方法可分为 5 级、18 个子级。各级中解法的先后顺序也反映了技术系统必然的进化过程和方向。

第 1 级　建立或破坏物场模型，包括建立需要的效应，或消除不希望出现的效应的系列法则，每条法则的选择和应用，取决于具体的约束条件，见表 6-3。

第 2 级　改善效应不足的物场模型，提升系统性能，开发物场模型，见表 6-4。

第 3 级　从基础系统向超系统或微观等级转变法则。这些法则继续沿着（第 2 级中开始的）系统改善的方向前进，第 2 和第 3 级中的各种标准解均基于以下技术系统进化路径：增加集成度再进行简化的法则，增加动态性和可控性进化法则，向微观级和增加场应用进化的法则；子系统协调性进化法则等，见表 6-5。

第 4 级　专注于解决涉及测量和或检测技术系统内一切事物，见表 6-6。

第 5 级　描述如何在技术系统引入新的物质或场，专注于对系统的简化。标准解可帮助问题解决者获得 20% 以上困难问题的高水平解决方案，此外还可以用来对各种各样的系统进化进行有限预测，以发现某些非标准问题的部分解，并进行改进，以获得新的解决方案，见表 6-7。

发明者首先要根据物场模型识别问题的类型，然后选择相应的标准解。

第6章 物质-场分析与标准解

表6-3 标准解第1级

编号	标准解	问题描述	案例
1.1	建立物场模型		
1.1.1	完善一个完整的物场模型	标准解1：在建立物场模型时，如果发现仅有一种物质，那么就要增加第二种物质和一个相互作用的场，只有这样才可以使系统具备必要的功能	用锤子钉钉子，作为一个完整的系统，必须有锤子、钉子和锤子作用于钉子上的机械场，才能实现钉子的功能
1.1.2	内部合成物场模型	标准解2：如果系统中已有的对象无法按需改变，帮助系统实现功能	喷漆时，在油漆S2中添加稀料S3
1.1.3	外部合成物场模型	标准解3：在与1.1.2相同的情况下，也可以在S1或者S2的外部引入一种永久的或者临时的外部添加物S3	可以通过在滑雪橇（S2）上涂蜡（S3），未改善滑雪橇和雪所组成的技术系统的功能
1.1.4	向环境物场模型跃迁	标准解4：在与1.1.2相同的情况下，如果不允许在物质的内部或外部添加物，可以利用环境中已有的（超系统）资源实现需要的功能	航道中的航标S1，摇摆得太厉害，可以利用海水（S超系统）作为镇重物
1.1.5	通过改变环境，向环境物场模型跃迁	标准解5：在与1.1.2相同的情况下，如果不允许在物质的内部或外部引入添加物，可以通过在环境中引入添加物来解决问题	办公室中的电脑设备S2发热量较大，造成室温增加，可以在办公室（S1）内加上空调（S改进系统），较好地调节室温
1.1.6	向具有最小作用的物场跃迁	标准解6：有时候很难精确地表达需要的量，通过多施加需要的物质，再把多余的部分去掉	要求雕塑模坯（S1）做得比较粗大，通过刻刀（S2）去掉多余的部分，才能雕出理想的雕塑
1.1.7	向具有施加于物质最大作用化的物场跃迁	标准解7：如果由于各种原因不允许达到要求作用的最大化，那么让最大化的作用通过地方代物S2传递给S1	蒸锅不能直接放到火焰上蒸煮食物（S1），但是可以在蒸锅里加水（S2），利用火焰来加热蒸锅里的水，通过水（S2），再把热量传递给食物
1.1.8	引入保护性物质	标准解8：系统中同时需要很强的场，很弱的场，那么在给系统施以很强的场的同时，在需要较弱场作用的地方让S3能起到保护作用	用火焰给小玻璃瓶（S2）封口，因为火焰的热量很高，因而会使药瓶内的药物（S1）分解，但是如果将药瓶药物的部分放在水里（S3）里，就可以使药物保持在安全的温度之内，免受破坏
1.2	拆解物场模型，消除或抵消系统内的有害作用		
1.2.1	通过引入外部物质，消除有害作用	标准解9：当前系统中同时存在有用的、有害的作用，此时如果无法限制S1和S2接触，可以在S1和S2之间引入S3，从而消除有害作用	医生需要用手术（S2）在病人身体（S1）上做外科手术，手可能对病人的身体带来细菌感染，戴上一双无菌手套（S3）就可以消除细菌带来的有害作用
1.2.2	通过改变现有物质来消除有害作用	标准解10：同1.2.1，但是不允许引入新的物质S3。此时可以改变S1或S2未消除有害作用，这个场可以实现所需功能的添加物	冰锥（S1）在冰面（S2）上滑动时，冰表面硬（F1）有助于冰锥的平稳运动，冰锥与冰面之间的摩擦（F2）妨碍了连续滑动，产生水（S2），大幅降低了摩擦，使冰表面微水化，并有利于滑行
1.2.3	通过消除场来消除有害作用	标准解11：如果某个场对物质S产生有害作用，可以引入物质S2来吸收有害作用	为了消除来自太阳的电磁辐射S对人体（S1）的有害作用，可在皮肤的暴露部分涂上防晒霜（S2）
1.2.4	采用场抵消有关关系	标准解12：如果系统中同时存在有用作用和有害作用，而且S1和S2必须直接接触，这个场F2来抵消F1的有害作用，或将有害作用转换为有益作用	在扭伤后必须固定起来，细带（S2）起到固定作用（机械场F1），如果肌肉长期不用，将会萎缩，造成有害作用，为防止肌肉萎缩，在物理治疗阶段，向肌肉加入一个反应的电场F2起到有害作用（S1）起到固定作用
1.2.5	采用场来关闭磁力键	标准解13：系统内的某部分处于居里点以上，从而消除磁性，使这一部分转换为非磁性的可能导致有害的加热，从而消除磁性	

表 6-4 第 2 级——增加柔性和移动性的 23 条标准解

编号	标准解	问题描述	案例
2.1		转化成复杂的物场模型	
2.1.1	向链式物质-场跃迁的常规形式	标准解 14：将单一的物场模型转换为链式模型，转换的方式是引入一个 S3，让 S2 产生用于 S3 的场 F2 作用于 S1	人们用锤子砸石头，完成分解巨石的功能。为了增强分解功能，可以通过在锤子（S2）和石头（S1）之间加入齿子（S3），锤子（S2）的机械场 F2 传递给齿子（S3），然后齿子（S3）的机械场（F1）传给石头（S1）
2.1.2	向双物质-场跃迁	标准解 15：双物场模型，现有系统的有用作用 F1 不足，需要进行改进，但是又不允许引入新的元件或物质，这时可以加入第一个场 F2 来增强 F1 的作用	用电镀法生产铜片，在铜片表面会残留少量的电解液。解决方案是增加一个清洗（F1）的功能，不能有效地清除掉这些电解液。解决方案是增加一个电场 F2 清洗池在超声波 F2 清洗或者机械振动加入机械振动声波在清洗池清洗铜片
2.2		增强物场模型	
2.2.1	向具有可控场的物质或者叠加到不容易控制的场上	标准解 16：用更加容易控制的场来代替原有不容易控制的场，或者叠加到不容易控制的场上。可按以下顺序取代：重力场→机械场→电场或者磁场→辐射场	在一些外科手术中最好采用对组织（S1）施加热作用（F2）的激光手术刀（S2'）取代对组织（S1）施加机械作用（F1）的钢刀片式手术刀（S2）
2.2.2	向具有工具分散物质的物质-场跃迁	标准解 17：提高完成工具功能的物质分散（分裂）度	标准的钢筋混凝土由钢筋（S1）加混凝土（S2）组合而成，用一系列的钢丝段（S$_{\text{micro}}$）代替较粗的钢筋，可以制造出针式混凝土，可以增强结构功能
2.2.3	向有毛细管多孔的物质-场跃迁	标准解 18：在物质中增加空或毛细结构。具体做法是：固体物质→带有一个孔的固体物质→带多个孔的物质（多孔物质）→毛细管多孔物质→带有限制层（和尺寸）的毛细管多孔物质	建议采用基于多孔硅（S$_{\text{silicon}}$）的毛细管多孔结构代替一组针状电极（S$_{\text{needle}}$）作为平面显示器的阴极
2.2.4	向动态化物质-场跃迁	标准解 19：如果系统-场系统中具有刚性、永久和非弹性元件，那么就尝试让系统有更好的柔韧性、适应性、动态性来改善单效率	给风力发电站采用的风轮机安装铰链结构，有助于风轮机（S1）在风的作用下随时保持顺风方向
2.2.5	采用结构化的场向物质-场跃迁	标准解 20：用动态场替代静态场，以提高物质-场系统的效率	利用驻波（F"）来固定液体（S2）中的微粒（S1）
2.2.6	向结构物质-场跃迁	标准解 21：将均匀结构物质或不均匀的物质空间结构	从均质固结切削工具（S2）向多层复合材料、自锐化切削工具（S2"）跃迁，可增加质量的数量与质量
2.3		频率的协调	
2.3.1	向具有作用 F$_{\text{nat0}}$ 匹配频率和产品固有频率（S$_{\text{nat0}}$）的物质-场跃迁	标准解 22：将场 F 的频率，与物质 S1 或者 S2 的频率相协调	振动破碎机（S2）的振动频率（F$_{\text{nat0}}$）必须与被破碎材料（S1）的固有频率一致
2.3.2	向有作用（F1）和（F2）匹配频率相互调与匹配的物质-场跃迁	标准解 23：让场 F1 与场 F2 的频率相互调与匹配	机械振动（F1）以通过产生一个和其振幅相同，但是方向相反的振动（F2）来消除
2.3.3	向具有合并作用的物质-场跃迁	标准解 24：两个独立的动作，可以让一个动作在另一个动作停止的间隙内完成	

续表

第6章 物质-场分析与标准解

编号	标准解	问题描述	案例
2.4	利用磁场和铁磁材料		
2.4.1	向原铁磁场跃迁	标准解25：在物质-场中加入铁磁物质和磁场	为了将海报（S2）贴在表面（S1）上，采用铁磁表面（$S_{ferromag}$）和小磁铁（S_{magnet}）代替图钉或者透明胶带
2.4.2	向铁磁场跃迁	标准解26：将标准解2.2.1（应用可控的）与2.4.1（应用铁磁场）结合在一起	香蕉模具S2的刚度可以通过加入铁磁物质，通过磁场来进行控制
2.4.3	从低效铁磁场向基于铁磁流体铁磁场跃迁	标准解27：应用磁流体。磁流体可以是悬浮有磁性颗粒的煤油、硅油脂或者水的胶状液体	计算机马达的多孔旋转轴承中，用铁磁流体（$S_{ferrofluid}$）代替纯润滑剂（S2），可使其保留在轴（S1）和轴承支架之间的缝隙中，同时还可以提供毛细粒（F_{cap}）
2.4.4	向基于磁性多孔结构的铁磁场跃迁	标准解28：应用包含铁磁材料或铁磁液体的毛细管结构	过滤器的过滤管（S1）填充铁磁颗粒（S2），形成毛细多孔一体材料（$S_{ferroporous}$），利用磁场控制过滤器内部的结构
2.4.5	向在S1和/或S2中引入添加物的外部复杂铁磁场跃迁	标准解29：转变为复杂的铁磁模型。如果原有的物质-场模型中禁止应用铁磁颗粒的某种物质，可以将铁磁物质作为某种物质的内部添加而进入系统	在药物分子（S2）达用身体需要的部位（S1），在药物分子上附加铁磁微粒（$S_{micro\,ferro}$），并且在外界磁场（F_{mag}）的作用下，引导药物分子转移到特定的位置
2.4.6	与环境一起的铁磁场模型	标准解30：在标准解2.4.5的基础上，如果物质内部也不允许引入铁磁添加物，则可以在环境中引入铁磁场F来改变环境的参数	将一个内部有磁性颗粒物质的橡胶垫（S3）摆放在汽车（S1）的上方，这个垫子内可以保证在修车时，工具（S2）能被吸附住而随手可得，这样就不需要人们在汽车外壳内填入防止工具滑落的铁磁物质了
2.4.7	使用物理效应的铁磁场	标准解31：如果采用了铁磁场系统，应用物理效应可控性	磁共振成像
2.4.8	动态化铁磁场模型	标准解32：应用动态的，可变或者自动调节的磁场来更好地控制或者移动铁磁物质	将表面有磁性微粒的弹性球体放在一个不规则空心物体内部来测量其内壁厚，通过放在外部的感应器来控制这个小磁性球，使其与传感器地贴合在一起，从而达到精确测量的目的
2.4.9	有结构化的铁磁场	标准解33：利用结构化的磁场来更好地控制或移动铁磁物质颗粒	可以在聚合物中掺杂半导电材料来提高其传导率。如果材料是惰性的，就可以通过磁场来排列材料的内部结构，这种利用惰性材料很小，而传导率更高
2.4.10	节律匹配的铁磁场	标准解34：铁磁场模型的频率协调。在宏观系统中，利用机械振动来加速铁磁颗粒的运动。在分子或者原子级别，通过改变磁场的频率，利用测量磁场发生响应的共振频率来测定物质的组成	每个原子都有各自的共振频率，这种利用元件频率匹配测量技术称为电子自旋共振（ESR）
2.4.11	电磁场	标准解35：应用电流产生磁场，而不是应用磁性物质	在常规的电磁冲压中，金属部件采用了强大的电磁铁，脉冲磁场在坯板中产生涡电流，其磁场排斥使它们产生脉冲磁场，排斥力足以将坯板压入冲压模
2.4.12	向采用电流变液体的电磁场跃迁	标准解36：通过电场，可以控制电流变液体的黏度	在车辆的减震器中，使用电流变液体取代标准油，原因是标准油的黏度随着温度的上升而降低

表 6-5 标准解第 3 级

编号	标准解	问题描述	案例
3.1		向双系统或多系统转化	
3.1.1	将多个技术系统并入一个超级系统	标准解 37：系统进化方式-1a：创建双系统和多系统	在薄玻璃上打孔是很困难的事情，因为即使很小心，也很容易把薄薄的玻璃弄碎。可以用油做临时的粘贴物质，将薄玻璃堆砌成一起变成一块"厚玻璃"，就便于加工了
3.1.2	改变双系统或多系统之间的连接	标准解 38：改变双系统或多系统之间的连接	面对复杂的交通状况，应在十字路口的交通指挥灯系统里，实时地输入一些当前交通流量的信息，更好地控制各种复杂的交通变化
3.1.3	由相同元件向具有改变特征元件的跃迁	标准解 39：系统进化方式-1b：增加系统之间的差异性	在多头订书机的各头内，人们装入不同种类的订书钉。如果在订书机上增加一个起钉器，订书机的作用就会更加丰富
3.1.4	由多系统向单系统的螺旋进化	标准解 40：经过进化后双系统和多系统再次简化为单一系统	新型家用的立体声系统，由一个外壳中加入多个音频设备组成
3.1.5	系统及其元件之间的不兼容特性分布	标准解 41：系统进化方式-1c：部分或整体表现相反的特性或功能	自行车的链条是刚性的，但是从总体上看却是柔性的
3.2		向微观级进化	
	引入"聪明"物质来实现向微观级的跃迁	标准解 42：转换到微观级别	计算机就是沿着这个方向发展的

表 6-6 标准解第 4 级

编号	标准解	问题描述	案例
4.1		间接方法	
4.1.1	以系统的变化替代检测和测量问题	标准解 43：改变系统，从而使原来需要测量的系统，现在不需要测量	加热系统的温度自动调节装置，可以用一个双金属片来制成
4.1.2	测量系统的复制品或者图像	标准解 44：用针对对象复制品、图像或图片的操作替代针对对象的直接操作	测量金字塔的高度，完全可以通过测量塔的阴影长度来算出
4.1.3	测量对象变化的连续检测	标准解 45：应用两次间断测量代替连续测量	柔韧物体的直径应该实时进行测量，从而看出它与相互作用对象之间的匹配是否完好。但是实时测量不容易进行，可以通过测量其最大直径和最小直径，确定其变化范围来进行判断
4.2		建立新的测量物场模型	
4.2.1	测量物场模型的合成	标准解 46：如果非物质－场系统（S1）十分不便于检测和测量，就要通过完善基本物质－场或双物质－场结构来求解	如果塑料袋上有个很小的孔很难被发现，可以先在塑料袋内填充空气，再将塑料袋带放在水中，稍微施加压力，水中就会出现气泡，从而指示出塑料袋泄漏的位置
4.2.2	引入易检测的添加物，实现向内部复杂结构的物质－场的转化	标准解 47：测量引入人的附加物。如引入人的附加物与原系统相互作用，产生变化，用来进行观察	很难通过显微镜观察的生物样本，可以通过加入化学染色剂来进行观察，以了解其结构
4.2.3	引入环境中的添加物可控制受测对象状态的变化	标准解 48：如果不能在系统中添加任何东西，可以在外部环境中加入物质，并测量或检测这个物质的变化	GPS 的应用
4.2.4	环境中产生的添加物可控制受控物体状态的变化	标准解 49：如果系统或环境不能引入附加物，可以将环境中已有的东西进行降解或转换，变成其他的状态，然后测量或检测这种转化后的物质变化	云室可以用来研究粒子的动态性能。在云室内，适当的压力方向温度下，以便液氢正好处于沸点附近。当外界的高能量粒子穿过液氢时，液氢就会局部沸腾，从而形成一个由气泡组成的高能粒子路径轨迹。此路径可通过拍照记录
4.3		增强测量物场模型	
4.3.1	通过采用物理效应强制测量物质－场	标准解 50：应用在系统中发生的已知的效应，并检测效应引发的变化，从而知道系统的状态，提高检测和测量的效率	通过测量导电液体电导率的变化，来测量液体的温度

续表

编号	标准解	问题描述	案例
4.3.2	受控物体的共振应用	标准解51：如果不能直接测量，或者必须通过引入一种场来测量时，可以通过让系统整体或部分产生共振，通过测量共振频率来解决问题	使用音叉来为钢琴调律，钢琴调律师需要调节音叉与琴弦的频率发生共振，来进行调谐
4.3.3	附带物体共振的应用	标准解52：若不允许系统共振，可以通过与一系统相连的物体或环境的自振动，获得系统变化的信息	非直接法测量物体的电容量。将未知电容量的物体接入已知电感系数的电路中。然后改变电路中电压的频率，寻找产生谐振的共振频率。据此可以计算出物体的电容量
4.4	测量铁磁场		
4.4.1	向测量质铁磁场跃迁	标准解53：增加或者利用铁磁物质，系统中的磁场，从而方便测量	交通管理系统中使用交通灯进行指挥。如果还想知道车辆需要等候多久，或者想知道车辆已经排了多长，可以在路面下铺设一个环形感应线圈，从而轻易地检测出上面车辆的铁磁成分，经过转换后得出测量结果
4.4.2	向测量铁磁场跃迁	标准解54：在系统中引入铁磁性颗粒，通过检测其磁场，以实现测量	通过在流体中引入铁磁颗粒，以提高测量的精确度
4.4.3	向复杂化的测量铁磁场跃迁	标准解55：如果磁性颗粒不能直接加入系统中，如磁性物质添加到已有物质中	通过在非磁性物体表面涂敷含有磁性材料表面活性剂细小颗粒的物质，检测该物体的表面裂纹
4.4.4	通过在环境中引入铁磁粒子向测量铁磁场跃迁	标准解56：如果不能在系统中引入磁性物质，可以在环境中引入磁性物质	船的模型在水上移动的时候会出现波浪。为了研究波浪形成的原因，可以将磁铁微粒添加到水中辅助测量
4.4.5	物理科学原理的应用	标准解57：通过测量与磁性相关的自然现象，如居里点、磁滞现象、超导消失、霍尔效应等	磁共振成像
4.5	测量系统的进化趋势		
4.5.1	向双系统和多系统跃迁	标准解58：向双系统、多系统转化。如果一个测量系统不具有高的效率，则应用两个或者更多的测量系统	为了测量视力，验光师使用一系列的设备来测量人眼对某物体的聚焦能力
4.5.2	向测量派生物跃迁	标准解59：不直接测量，而是在时间或者空间上测量待测物体的第1级或者第2级的衍生物	测量速度或加速度，而不是直接去测量距离

表 6-7 标准解第 5 级

编号	标准解	问题描述	案例
5.1		引入物质	
5.1.1	将空腔引入 S1 或 S2，以改进物质-场原件的相互作用	标准解 60：应用"不存在的物体"替代引入新的物质。例如增加空气、真空、泡沫、水泡、空穴、毛细管等；用外部添加物代替内部添加物；用少量高活性的添加物；临时引入添加剂等	对于水下保暖衣来说，如果仅通过增加衣服厚度的方法来改善保暖性，整个衣服就会变得很沉重。可以在其中加入泡沫结构，既不增加衣服厚度，还可以使衣服变得轻薄
5.1.2	将产品（S0）分成相互作用的若干部分	标准解 61：将物质分割为更小的组成部分	降低气流产生噪声（S1）问题的标准解决方案是将基本气流（S0）分成两股气流（S01）和（S02），从不同的方向形成涡流，并相互抵消
5.1.3	引入的物质使物质-场的相互作用正常并自行消除	标准解 62：添加物在使用完毕之后自行消失	用冰把粗糙的物体表面打磨光滑
5.1.4	用膨胀结构和泡沫使物质-场的相互作用正常化	标准解 63：如果条件不允许加入大量的物质，则加入虚空物化	在物体内部增加空洞，减轻物体的重量
5.2		引入场	
5.2.1	使用技术系统中现有的场不会使系统变得复杂化	标准解 64：应用一种场产生另外一种场	电场产生磁场
5.2.2	使用环境中的场	标准解 65：应用环境中存在的场	电子设备在使用时产生大量的热，这些热可以使用周围空气流动，从而冷却电子设备自身
5.2.3	使用技术系统中现有物质的备用属性能作为场资源	标准解 66：应用能产生场的物质	医生将放射性的物质植入病人的肿瘤位置，来杀死癌细胞，以后再进行清除
5.3		相变	
5.3.1	改变物质的相态	标准解 67：相变 1：改变相态	用 α-黄铜取代 β-黄铜。通过晶体结构的改变，导致在特定温度下黄铜机械性质的改变

续表

编号	标准解	问题描述	案例
5.3.2	两种相态相互转化	标准解68：相变2：双相互换	在滑冰过程中，通过将刀片下的冰转化成水来减小摩擦力，然后水又结成冰
5.3.3	将一种相态转换成另一种相态，并利用伴随相转移出现的现象	标准解69：相变3：应用相变过程中伴随出现的现象	暖手器里面，有一个盛有液体的塑料袋，袋内有一个薄金属片，可以产生一定的振动信号，薄金属片在液体中弯曲，触发液体变为固体，在释放热量的过程中，当全部液体变为固体后，人们将暖手器放回热源中，加热固体即可还原为液体
5.3.4	转换到物质的双相态	标准解70：相变4：转化为双相状态	在切削区域涂敷一层泡沫，刀具能穿透泡沫持续切割，而噪声、蒸汽等却不能穿透这层泡沫，这可用于消除噪声
5.3.5	利用系统部件（相位）之间的交互作用	标准解71：利用系统的相态交互，增强系统的效率	白兰地经过两次蒸馏后，放在木桶中进行保存
5.4	运用自然现象		
5.4.1	利用可逆性物理转换	标准解72：状态的自动调节和转换。如果一个物体必须处于不同的状态，那么它应该能够自动从一种状态转化为另一种状态	变色太阳镜在阳光下颜色变深，在阴暗处又恢复透明
5.4.2	出口处输出场	标准解73：将输出场放大	真空管继电器和晶体管都可以利用很小的电流控制很大的电流
5.5	产生物质的高级和低级方法		
5.5.1	物质来获得所需要的物质	标准解74：通过降解来获得物质颗粒（离子，原子、分子等）	如果系统需要氢，但系统本身又不允许引入氢时候，可以向系统引入水，再将水电解转化成氢和氧
5.5.2	通过组合获得所需要的物质	标准解75：通过组合获得物质粒子	树木吸收水分、二氧化碳，并且运用太阳进行光合作用，得以长势壮大
5.5.3	介于前两个解法之间	标准解76：应用5.5.1和5.5.2。如果一个高级结构的物质需要降解，但是又不能降解，就应用次高水平的物质。另外，如果需要把低等级结构的物质组合起来，就应用较高级结构的物质直接结合在一起	如果需要传导电流，可以先将物质变成导电的离子和电子，离子和电子脱离场之后，还可以重新结合在一起

6.5 物质－场分析的标准解法

物质－场分析方法是 TRIZ 的一个重要的发明创新问题的分析工具，是对技术系统的微观层面进行分析。标准解是利用物质－场分析法解决发明问题的解决工具，我们把无数个技术系统，按物质－场分析法进行分析后，可归纳到不同的类别中去，对于每种类别来说，它们都有自己特别的、规范的解题方法，因而我们称之为标准解。可以借助物质－场分析方法和标准解，找到许多实际问题的解决方案，完成创新设计，其具体过程如图 6-14 所示。首先将实际问题抽象为物场模型，再根据模型的类型，在对应的子集中找到该模型的标准解，在此基础上将标准解具体化，得到实际的问题的解决方案。

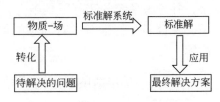

图 6-14 利用物场模型的解题流程

6.5.1 应用标准解的步骤

采用物场模型功能分析法应用于产品创新设计过程如下。

步骤 1　定义系统的总功能。

步骤 2　进行功能分解，并确定基本功能和核心功能。

功能分解为解决问题的基础。由于系统的复杂性，只有将总功能分解为易于实现的基本功能，产品设计才能真正成功。总功能可分解为分功能、子功能，直到分解到基本功能为止。即从根到枝再到叶的分解过程。

步骤 3　建立系统的功能模型。

根据功能分解的结果，建立各基本功能的物质－场模型，并有机结合建立系统整体的功能模型。

步骤 4　确定待改进功能模型。

按物质－场分析方法，TRIZ 中将功能分为四类：

① 有效完整功能；

② 不完整功能；

③ 非有效完整功能；

④ 有害功能。

根据功能类别，分析系统的功能模型，确定各基本功能模型的类型，发现待改进的功能模型。

步骤 5　标准解分析。

Altshuller 等提出了 76 种标准解，分为如下五类：

① 不改变或仅少量改变已有系统，13 种标准解；

② 改变已有系统，23 种标准解；

③ 系统传递，6 种标准解；

④ 检查与测量，17 种标准解；

⑤ 简化与改善策略，17 种标准解。

根据每一种基本功能的"物质－场"模型来寻找相适应的标准解。

步骤 6 提出新的设计概念。

根据实际工程结构,将解决问题的标准解转化为特定的解领域。

步骤 7 解的评价。

对解领域进行评估,如有多个可行的解领域,根据进化的模式选取综合最优的方案。

在实际应用标准解的过程中,必须紧紧围绕技术系统所存在问题的理想化最终结果,并考虑系统的实际限制条件,灵活进行应用,并追求最优化的解决方案。在很多情况下,综合多个标准解,对问题的彻底解决程度具有积极意义,尤其是第 5 级中的 17 个标准解。

6.5.2 标准解的解题流程图

发明问题标准解的具体使用个过程,也可以用流程图来表示,如图 6-15 所示。

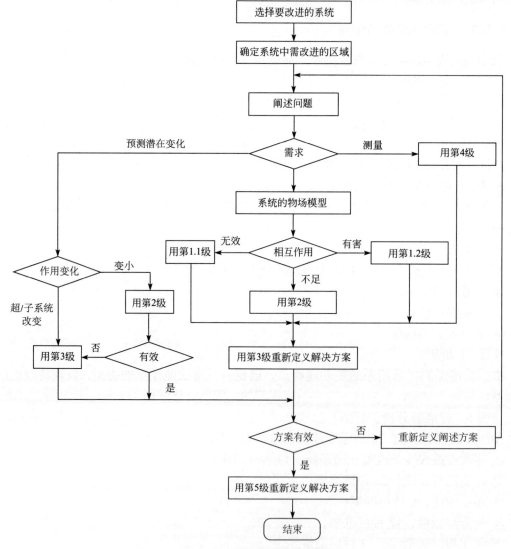

图 6-15 标准解的解题流程图

6.5.3 标准解应用案例

案例 输送废酸液管路问题（图6-16）

步骤1 确定物质中的物质和场

物质：废酸液，输送管路，空气。

场：废酸液流动能量，化学场，重力场。

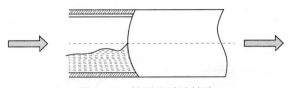

图6-16 输送废酸液管路

步骤2 建立物场模型

物场模型如图6-17所示，其中FH为流体压力场，FCH为化学场。期望功能为有用功能，不期望功能为有害功能。

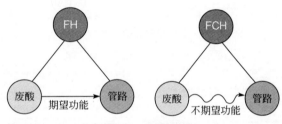

图6-17 物场模型

步骤3 选择物场模型变换规则

① 根据系统的物场模型存在的问题选择转换规则，在本例中，模型存在有害作用，即废酸液腐蚀、溶解输送管道。

② 有害功能可选择规则4消除。

规则4：消除有害的、多余的、不需要的物质或场的最有效方法，是引入第三种物质元件（S3）。增加另一个场（F2），用来平衡产生有害效果的场。

步骤4 确定代表性的解

根据所选择的物场模型的变换规则，确定要引入第三种元件的主要性质。有害作用是由废酸液与金属管道内表面发生化学反应引起的，因此，化学场（FCH）是产生有害作用的根源。

分析：引入的新物质S3应能消除废酸液与金属管道的化学场（FCH）。

消除此化学场比较简易的方法，是S3事先与废酸液发生化学反应，以消耗废酸液的反应能力。

容易想到的S3可以是金属、水、碱等——代表性的解。

步骤5 确定具体的解

在代表性的解中，根据具体问题的状况，选择最适合的解作为具体解。

代表性的解S3为金属、水、碱等，即与废酸液可进行化学反应，进而消除其对管道内表面产生有害作用的物质。

① 金属　可先于管道内表面与酸进行反应，进而保护管道。如管道的内表面涂保护层，效果可行，但成本提高，不采纳。

② 水　大量的水或污水可稀释废酸液，但会给后续处理增加困难，不采纳。

③ 碱性物质　碱性添加物、废碱液等。其中废碱液是具有负价值的，因此应用废碱液的成本会降低。

在代表性的解中，根据具体问题的状况，选择最适合的解作为具体解。最后选择的具体解 S3 为废碱液（图 6-18）。

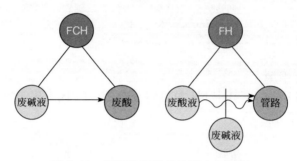

图 6-18　最后选择的具体解（废碱液）

第 7 章
技术系统进化概述

技术系统的进化就是不断地用新技术替代老技术，用新产品替代旧产品，实现系统的功能从低级向高级变化的过程。TRIZ 技术系统进化理论指出：技术系统一直处于进化之中，也就是在不断更新、发展中。解决技术系统矛盾是进化的推动力。所有技术系统的进化都遵循一定的客观规律。一个技术系统的进化一般经历 4 个阶段，可以用 S 曲线来描述。典型的 S 曲线描述一个技术系统的完整生命周期。当一个技术系统的进化完成 4 个阶段后，必然会出现一个新的技术系统来替代它，如此不断地替代。

任何技术系统，在其生命周期之中，是沿着提高其理想度向最理想系统的方向进化的，提高理想度法则代表着所有技术系统进化法则的最终方向。理想化是推动系统进化的主要动力。掌握技术进化法则，除了可以有效提高发明问题解决的效率外，还有如下的应用意义：确保产品核心技术在 S 曲线上的位置；确定产品目前及今后的发展目标；确定应当避免的投资失误；形成产品或技术系统研发的战略目标。

下面介绍几个常用的概念。

（1）系统

TRIZ 中的系统是指部分构成整体的意思，源于古希腊语。亚里士多德说"整体大于部分之和"，可见，系统来源之久，研究之早。最早对系统的认识，如"宇宙、自然、人类，一切都在一个统一的运转系统之中。"形成了系统的原始概念。系统是由若干相互联系、相互作用的部分组成在一起，在一定的环境中具有特定功能的有机整体。

如第 2 章所述，我们现在所说的技术系统是指相互关联的组成成分的集合，是技术人员所设计的、以一定的技术手段来实现特定需求的人造系统。各组成成分具有各自不同的特性，从而完成特定的功能。系统中的每一个组成称为子系统。系统之外的更大的系统称为超系统。如图 7-1 所示，任何系统都具有层次结构。例如，汽车定义为一个技术系统，那么组成汽车的发动机、轮胎、外壳等就被称为子系统,而汽车以外的交通系统我们称之为超系统。如果汽车发动机是一个技术系统,那么组成发动机的零部件,如变速齿轮、引擎等则称为子系统,而汽车此时变成了超系统。

系统的共同特征有整体性、层次性、开放性、目的性、突变性、稳定性、自组织及相似性。

图 7-1　系统、子系统、超系统关系

（2）功能

功能的概念最早是由美国通用电气公司工程师迈尔斯在 19 世纪 40 年代提出,作为价值工程研究的核心问题。TRIZ 中的功能是指研究对象能够满足人们某种需求的一种属性。如交通工具汽车具有运输人和物的属性；电梯具有运载人和物到指定楼层的功能。功能要满足需求,功能随需求的进化而进化。任何产品都有特定的功能,产品存在的理由就是功能,功能的载体是产品。功能与产品的用途、能力和性能是同一概念,一般用"动词 + 名词"的形式表达,动词表示产品所完成的一个操作,名词代表被操作的对象,是可测量的。如钢笔,它的用途是写字,而功能是存送墨水；铅笔,它的用途是写字,而功能是摩擦铅芯。

（3）理想度

理想度是从技术角度对技术系统的有用功能与有害功能（包括成本和耗费）之间综合效益的一种度量。理想度表达式：

$$I = \Sigma 有用功能 / \Sigma (成本 + 有害功能)$$

即理想度是系统中有用功能的总和与系统有害功能和成本的和的比率。从公式中可以看出,技术系统的理想度与有用功能之和成正比,与有害功能之和成反比。理想度的水平越高,产品的竞争能力越强。

提高理想度可以从以下 4 个方向来做改变：

① 增大分子,减小分母,理想度显著提高；

② 增大分子,分母不变,理想度提高；

③ 分子不变,分母减小,理想度提高；

④ 分子、分母都增加,但分子增加的速率高于分母,理想度提高。

最理想的系统应该并不存在,却能执行所有功能。

（4）最终理想解

在产品进化的过程中,如果将所有产品作为一个整体,低成本、高功能、高可靠性、无污染等是产品的理想状态。产品处于理想状态的解称为最终理想解。在技术系统进化过程中,确定了 IFR,也就是确定了系统的终极目标。最终理想解有 4 个特点：

① 保持了原系统的优点；
② 消除了原系统的不足；
③ 没有使系统变得更复杂；
④ 没有引入新的缺陷。

例如：割草机改进。割草机在割草时，发出噪声，消耗能源，产生空气污染，高速飞出的草有时会伤害到操作者。首先要解决的问题是改进已有的割草机，解决噪声问题。一般的解题思路：降低噪声，可以考虑增加阻尼器、减震器等子系统，但是这样不仅增加了系统的复杂性，而且增加的子系统也降低了系统的可靠性。

如果用 IFR 来分析问题，会得到截然不同的答案。首先确定客户的需求是什么。客户需求的是漂亮整齐的草坪，割草机并不是客户的最终需求，只是维护草坪的一个工具。割草机具有维护草坪整洁这个功能之外全是无用的功能。从割草机与草坪构成的系统来看，其 IFR 为草坪不再长高，始终维持一个固定的高度。因此理想解就是有一种"维持恒定高度的草种"，这种草生长到一定高度就停止生长。割草机不再被需要。问题也得到了解决。

7.1 技术系统进化的 S 曲线

企业不能期望其产品永远畅销，任何一种产品在市场上的销售情况和获利能力并不是一成不变的。一种产品进入市场后，它的销售量和利润会随着时间变化，呈现一个由少到多再由多到少的过程，就如同人的生命一样，由诞生、成长到成熟，最终走向死亡，这就是产品的生命周期现象。

技术系统是阶段性发展的，一个新产品需要由多种不同的技术来实现，其中核心技术的发展变化决定着产品的生命周期。技术的变化过程可以用增长函数来表示，即 S 曲线，它是以时间为横轴，技术系统的主要性能参数为纵轴，反映产品进化规律和发展趋势。根据 S 曲线，明确地把产品进化分为婴儿期、成长期、成熟期和衰退（弱）期四个阶段，如图 7-2 所示。在不同的进化阶段，理想度的目标是不一样的。

除了性能参数，还有其他几个指标来观察技术系统，以识别系统所处的阶段。专利数量、发明级别和利润这几个指标，随时间变化呈现明显的变化。每个时期都有不同的特点（图 7-3）。

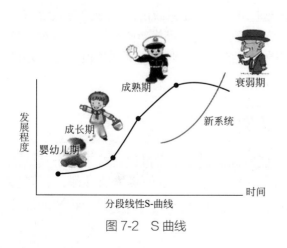

图 7-2 S 曲线

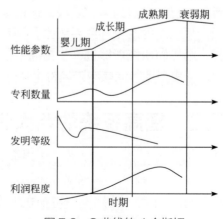

图 7-3 S 曲线的 4 个指标

① 性能参数　该曲线表明，随着时间的延续，产品性能不断增加，但到了衰退期，其性能很难再有提高。

② 专利数量　该曲线表明，在婴儿期和成长期前期，由于参与开发的企业和人员较少，所以专利数量较少。在成熟期，由于激烈的竞争，企业新专利不断涌现，专利数量增加。到了衰退期，企业进一步增加投入已没有什么回报，因此专利数量降低。

③ 发明级别　该曲线表明一个产品是以一个高级别的发明开始的。后续的发明级别逐步降低。当产品由婴儿期向成熟期过渡时，伴随着限制产品功能的关键问题的解决，会出现一些高级别的发明，正是这些高级别的发明的出现，推动了产品从婴儿期过渡到了成长期。

④ 利润程度　该曲线表明，开始阶段，企业仅仅是投入并没有盈利。到成长期产品虽然还有待于进一步完善，但产品已出现利润。之后，利润逐年增加，到成熟期的某一时间达到最大，之后开始降低。

那么，技术系统或产品的进化各阶段的特征是什么呢？

（1）婴儿期

当实现系统功能的原理出现后，系统也随之产生；新系统的各组成部分通常是从其他已有的系统中借来的，并不适应新系统的要求。婴儿期提高理想度的办法是改善功能和降低成本。

（2）成长期

制约系统的主要"瓶颈"问题得到解决，系统的主要性能参数快速提升，产量迅速增加，成本降低；随着收益率的提高，投资额大幅增长；特定资源的引入，使系统变得更有效。成长期有如下特点：开始获利；进入不同的细分市场；系统及其部件会有些适度的改变；是产品生命周期中最好的阶段。成长期提高理想度的办法是保持成本不变并提高功能或使成本上升，但更快的提高功能。

（3）成熟期

系统消耗大量的特定资源；系统被附加一些与主要功能完全不相关的附加功能；系统发展寄希望于新的材料和技术，如纳米材料；系统的改变主要是外在的变化。这一阶段提高理想度的办法就是不增加功能，降低成本。

（4）衰弱期

新系统已经发展到第二阶段，迫使现有系统退出市场；超系统的改变导致对系统需求的降低；超系统的改变导致系统生存困难。系统的发展方向是寻找新的领域，重点投入资金寻找、选择和研究能够进一步提高产品性能的替代技术。衰弱期提高理想度的办法是减少功能，并更多地降低成本去赢得市场。

7.2　提高系统的八大进化法则

技术系统进化是指实现系统功能的技术从低级向高级变化的过程。对于一个具体的技术系统来说，对其子系统或元件进行不断的改进，以提高整个系统的性能，就是技术系统的进化过程。例如黑白电视机向彩色电视机的进化（图7-4），木船向轮船的进化（图7-5）。

技术系统有八大进化法则,可以应用于产生市场需求、定性技术预测、产生新技术、专利布局和选择企业战略制定的时机等。它可以用来解决难题,预测技术系统,产生并加强创造性问题的解决工具。

这八大法则是:
① 完备性法则;
② 能量传递法则;
③ 提高理想度法则;
④ 动态性进化法则;
⑤ 子系统不均衡进化法则;
⑥ 向超系统进化法则;
⑦ 向微观级进化法则;
⑧ 协调性法则。

图 7-4　电视机进化

图 7-5　木船向轮船的进化

7.2.1　完备性法则

技术系统实现某项功能的必要条件是:一个完备的技术系统至少包括四部分,分别是动力装置、传输装置、执行装置和控制装置,如图 7-6 所示。整个系统需要从能量源接收能量,由动力装置将能量转换成技术系统所需要的使用形式,传输装置将能量传输到执行装置,按照执行装置的特性进行调整,最终作用于产品上。考虑技术系统和环境之间的相互作用以及各子系统之间的相互作用,控制装置提供系统各部分之间的协同操作。为实现对系统的控制,必须至少有一个部分是可控的。

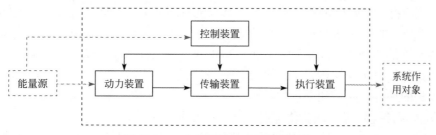

图 7-6　一个完备的技术系统的结构

以帆船运输系统为例。帆船运输系统可以利用风能在水上运输货物,其工作原理是:

风对帆船施加压力,帆通过桅杆对船体施加作用力,由于作用力的结果,船体在水面上运动,帆船因此向前航行。在这个过程中,水手控制帆船的方向。根据帆船的工作原理可以判断出,在这一系统中:

能量源——风能;
动力装置——帆;
传输装置——桅杆;
执行装置——船体;
控制装置——水手;
产品——货物。

帆船的工作系统如图 7-7 所示。可见,四个相互关联的基本子系统中帆、桅杆、船体和水手缺一不可,否则帆船运输系统无法正常进行。

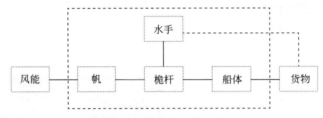

图 7-7　帆船的工作系统

系统中四个要素缺少任何一个部分,或者任何一个部分还不完备,那就是系统进化的方向,就是产品需要改进的地方。对于特殊的系统,有些部件是随着人们认识的提高而逐渐成为必要的。

新的技术系统经常没有足够的能力去独立地实现主要功能,所以依赖超系统提供的资源,也常常依赖人的参与;但系统不断自我完善,减少人的参与,以提高技术系统的效率。

技术系统完备性法则有助于设计者判断现有技术系统是否完整,推动系统由不完备向完备发展。

7.2.2　能量传递法则

技术系统能量传递法则指出,技术系统要实现其功能,必须保证能量能够从能量源流向技术系统的所有元件。如果技术系统中的某个元件不接收能量,它就不能发挥作用,那么整个技术系统就不能执行其有用功能,或者有用功能的作用不足。例如多米诺骨牌。将骨牌按一定间距排列成行,轻轻碰倒第一枚骨牌,其余的骨牌就会产生连锁反应,依次倒下。如果某个元件(骨牌)接收不到能量,就不能发挥作用,会影响到技术系统的整体功能。例如收音机在金属屏蔽的环境(如汽车)中不能正常工作。在汽车外加一天线,问题就解决了。

技术系统的能量传递法则,应沿着使能量流动路径缩短的方向发展,以减少能量损失。减少能量损失的途径有如下几个:

① 缩短能量传递路径,减少传递过程中的能量损失;
② 最好用一种能量(或场)贯穿系统的整个工作过程,减少因能量形式转换导致的能量损失;
③ 如果系统组件可以更换,那么将不易控制的场更换为容易控制的场。

例1 用手摇绞肉机代替菜刀剁肉馅，如图 7-8 所示。

用刀片旋转运动代替刀的垂直运动，能量传递路径缩短，能量损失减少，同时提高了效率。

例2 火车的能量传递路径（图 7-9）。

7.2.3 提高理想度法则

图 7-8 用绞肉机代替菜刀

提高理想度法则指出，技术系统朝着提高理想度的方向进化。理想度与系统的有用功能成正比，与有害功能成反比。理想的系统是有用功能无穷大，有害功能无限小，作为实体，这样的产品是不存在的，但理想化的最终结果是产品设计的一个努力方向。提高理想度法则是所有进化法则的基础，可以看作是技术系统进化的最基本法则。

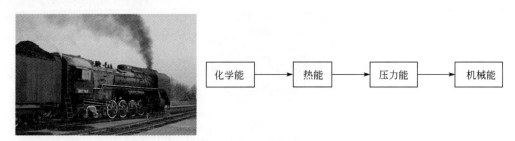

(a) 蒸汽机车能量利用率 5%～15%

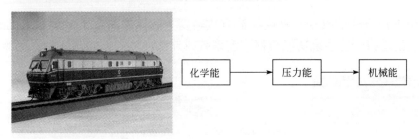

(b) 内燃机车能量利用率 30%～50%

(c) 电力机车能量利用率 65%～85%

图 7-9 火车的能量传递路径

提高理想度可以按以下进化路线考虑：
① 增加系统的功能；
② 传输尽可能多的功能到工作元件上；
③ 将一些系统功能转移到超系统或外部环境中；

④ 利用内外部已存在资源，降低成本；
⑤ 降低系统的有害参数；
⑥ 提高有益参数的同时降低有害参数。

例如，扫描、打印、复印、传真一体机，将尽可能多的功能集合到一个工作元件上，提高系统的有用功能，如图 7-10 所示。

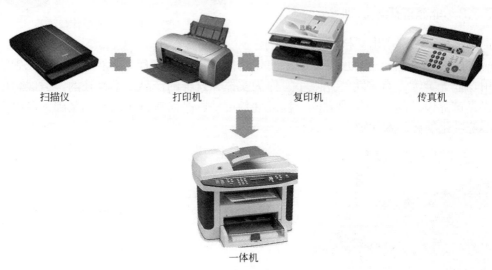

图 7-10　扫描、打印、复印、传真一体机

又例如飞机空中加油方式的改变。常规加油方式转变为伙伴加油方式，增加飞机的航程或载弹量，利用的就是将一些系统功能转移到超系统或外部环境中，如图 7-11 所示。

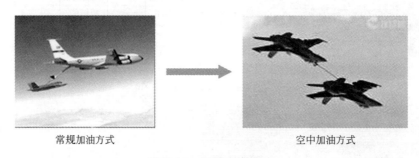

图 7-11　飞机空中加油

S 曲线的进化用来描述工程技术系统的演化发展，提高理想度是技术发展背后的深层次推动力，提高理想度法则是 S 曲线的进化法则的子趋势，其他进化法则是提高理想度法则的子趋势。

7.2.4　动态性进化法则

技术系统在诞生初期通常是静态的、不灵活的、不变的，在进化过程中，其动态性和可控性会提高，以适应不断变化的环境和满足多重需求。技术系统的动态性进化法则应该沿着结构柔性、可移动性、可控性增加的方向发展，以适应环境状况或执行方式的变化。

该法则主要包括三条子法则。

（1）提高柔性子法则

现代技术系统由刚性结构向更具适应性及灵活性的柔性结构发展，即从刚性体逐步进化到单铰链、多铰链、柔性体、液体/气体，最终进化到场的状态，如图7-12电脑键盘的进化轨迹所示。

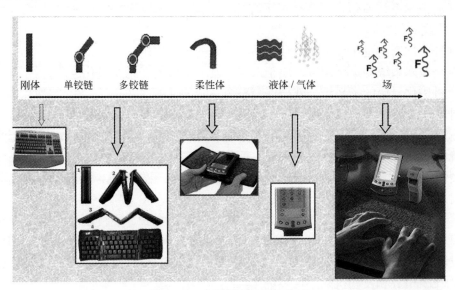

图7-12　电脑键盘的进化轨迹

（2）提高可移动性子法则

技术系统的进化应该沿着系统整体可移动性增强的方向发展，由固定的系统发展到可移动的系统，再发展到随意移动的系统，如图7-13手机的进化轨迹所示。

图7-13　手机的进化轨迹

（3）提高可控性子法则

技术系统的进化，应该沿着增加系统内各部件可控性的方向发展。由直接控制发展到间接控制，进而发展到引入反馈控制，最后发展到自我控制。

如图7-14路灯的控制：

直接控制——每个路灯都有开关，有专人负责定时分别开闭；

间接控制——用总电闸控制整条线路的路灯；

图7-14　路灯的控制

引入反馈控制——通过感应光亮度的装置，控制路灯的开闭；

自我控制——通过感应光亮度的装置，根据环境明暗，自动开闭并调节亮度。

7.2.5 子系统不均衡进化法则

每个技术系统都是由多个实现不同功能的子系统组成。子系统不均衡进化法则是指：

① 任何技术系统所包含的各个子系统都不是同步、均衡进化的，每个子系统都是沿着自己的 S 曲线向前发展；

② 这种不均衡的进化经常会导致子系统之间的矛盾出现；

③ 整个技术系统的进化速度取决于系统中发展最慢的子系统进化速度；

④ 改进进化最慢的子系统，就能提高整个系统的性能。

利用这一法则，可以帮助设计人员及时发现技术系统中不理想的子系统，并对其改进或以较先进的子系统替代这些不理想的子系统。通常设计人员容易犯的错误是花费精力专注于系统中已经比较理想的重要子系统，而忽略了"木桶效应"中的短板，结果导致系统的发展缓慢。比如飞机设计中，曾经出现过单方面专注于发动机，而轻视了空气动力学的制约影响，导致整体性能的提升比较缓慢。

在第一次世界大战期间，飞机发动机功率得到显著增长，飞行速度也达到了 200km/h。由于双机翼飞机的阻力大，机翼设计限制了速度的进一步提高，也造成了燃油消耗过大，妨碍了发动机的发展。改进机翼设计和使用强度更高的材料，使得升迁到单翼飞机设计。图 7-15 为飞机机翼和发动机的不均衡进化。

单发动机　　　　双发动机　　　　多发动机

(a) 关注发动机的功率

后掠翼　　　　变后掠翼

(b) 关注飞机气动外形

图 7-15　机翼和发动机的不均衡进化

在 S 进化曲线不同阶段，子系统的不均衡进化法则表现为：婴儿期开发集中于主要功能，成长期和成熟期开发集中在完善辅助功能上，衰弱期开发集中在与主要功能无关的功能上。

7.2.6 向超系统进化法则

系统在进化的过程中,可以和超系统的资源结合在一起,或者将原有系统中的某子系统分离到超系统中,这样能够使子系统摆脱自身进化过程中存在的限制要求,让其更好地实现原来的功能。

向超系统进化法则包括:

① 系统的进化沿着从单系统—双系统—多系统的方向发展;

② 技术系统通过与超系统组件合并来获得资源,超系统可以提供大量的可用资源;

③ 技术系统进化到极限时,实现某项功能的子系统会从系统中剥离,转移至超系统,作为超系统的一部分;

④ 该子系统的功能得到增强改进的同时,也简化了原有的技术系统。

如图 7-16 飞机空中加油方式的改进。早期的飞机要携带一个笨重的副油箱,在飞行的过程中为飞机补充燃油。现在副油箱被分离到一个超系统内,也就是空中加油机。这样,飞机不需要再装载数百吨的燃油,随机携带的油量可以减到很少。

图 7-16 飞机空中加油

7.2.7 向微观级进化法则

技术系统及其子系统在进化过程中向着减小元件尺寸的方向发展,即元件从最初的尺寸向原子、基本粒子的尺寸进化。进化的终点是技术系统的元件作为实体已经不存在,而是通过场来实现其必要的功能,即达到最终理想解(IFR)。如图 7-17 录音机的进化所示。

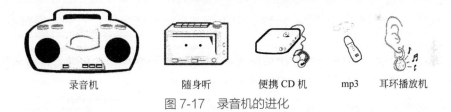

图 7-17 录音机的进化

7.2.8 协调性法则

技术系统的进化是沿着各个子系统相互之间更协调的方向发展。即系统的各个部件在保持协调的前提下,充分发挥各自的功能,这也是整个技术系统能发挥其功能的必要条件。子系统间的协调性可以表现在以下三方面:

① 结构上的协调;

② 各性能参数的协调;

③ 工作节奏、频率上的协调。

如图 7-18 协调性法则的应用所示。

以上为技术系统八大进化法则,对其进行分析,涉及系统层次上的结构变化有:提高理想度法则,向微观级进化法则。涉及系统元件层次上变化的法则有:完备性法则,子系统不均衡法则,可控性法则,能量传递法则,协调性法则。涉及系统间关系变化的法则有:

(a) 积木　　　　　　　(b) 网球拍　　　　　　(c) 浇灌混凝土

图 7-18　协调性法则的应用

协调性法则，动态性法则。

7.3　应用技术系统进化法则解题方法

通过分析当前产品的核心技术在技术进化过程中的阶段与状态，分析产品今后可能的进化方向和可能进化的模式，可以预测未来产品的技术发展前景与水平。作为企业来说，掌握了技术预测，可以做到销售一代，生产一代，研发一代，同时预测新一代产品。

应用技术系统进化法则分析产品进化趋势及发展方向，有以下 7 个步骤：

① 选定产品，分析系统的子系统和超系统　根据系统工作原理，建立系统功能模型，提取工作元件及其之间的联系，建立系统功能模型，分析系统参数；

② 选择技术系统进化定律　选择 TRIZ 中的一种或几种进化定律，按照进化定律的描述，预测选定产品、子系统或超系统的未来进化趋势；

③ 路线选择　在每条定律下，选择若干条技术系统进化路线，它们给出技术系统进化的过程；

④ 发现技术机遇　由选定的定律与路线确定技术进化潜力，这些潜力是技术机遇；

⑤ 确定潜力状态　由进化潜力确定潜力状态；

⑥ 产生设想　分析每一个潜力状态，归结到当前系统产生创新设想；

⑦ 概念形成及评价　将设想转变成概念，根据市场需求及本企业能力，对所形成的概念进行评价，在若干个概念中选出最具有市场潜力的概念，作为后续设计的输入。

7.4　应用技术系统进化法则解题案例

案例 1

交通工具——船的进化

要求：用 TRIZ 进化法则和路线预测下一代船的特征。

船是重要的水上交通工具。在石器时代就出现了最早的船——独木舟（把一根圆木中间挖空）。然后，出现了有桨和帆的船。后来又出现了用蒸汽或柴油发动机提供动力的船。今天人们用太阳能和喷气式发动机作为船的动力，航行的速度令人吃惊，最高时速已经可以达到500千米以上了。

　　中国是世界上最早制造出独木舟的国家之一，并利用独木舟和桨渡海。独木舟就是把原木凿空，人坐在上面的最简单的船，是由筏演变而来的。虽然这种进化过程极其缓慢，但在船舶技术发展史上，却迈出了重要的一步。独木舟需要较先进的生产工具，依据一定的工艺过程来制造，制造技术比做筏要难得多，其本身的技术也比做筏先进得多，它已经具备了船的雏形。

　　在中国，商代已造出有舱的木板船，汉代的造船技术更为进步，船上除桨外，还有锚、舵。唐代，李皋发明了利用车轮代替橹、桨划行的车船。

　　宋代，船普遍使用罗盘针（指南针），并有了避免触礁沉没的隔水舱。同时，还出现了10桅10帆的大型船舶。15世纪，中国的帆船已成为世界上最大、最牢固、适航性最优越的船舶。中国古代航海造船技术的进步，在国际上处于领先地位。18世纪，欧洲出现了蒸汽船。19世纪初，欧洲又出现了铁船。19世纪中叶，船开始向大型化、现代化发展。

　　利用机器推进的大船都可称为轮船。小一点的船叫小船（舟或艇）。每一只轮船都有一个叫船身的身体。早期的轮船是木制的，在船两侧或尾部装有带桨板的轮子，用人力转动轮子，桨板向后拨水使船前进。现在的轮船，船身多用金属制成，以发动机作动力，并使用了螺旋桨。所有的船体都是中空的，因而重量较轻，能浮在水面上。船锚一般位于船头，也有前后都有船锚的，而螺旋桨则总是装在船尾。

　　现代的船通常都有发动机，用以驱动螺旋桨，以使船前进。最初的螺旋桨为双叶桨，而现在的螺旋桨为三叶或四叶桨，动力更大。航行中的轮船由于行驶在水中，不具有足够的摩擦力，所以无法像汽车那样能迅速制动。通常船制动时关闭发动机，然后抛下沉重的铁锚，使船速减慢。紧急停船时可将发动机从进挡改为倒挡，向后的动力与前冲的惯性相抵消，使船体迅速停下来。

　　根据S曲线的分析，本系统处于成熟期。

　　下一步的建议是：

　　（1）船的航行不受天气的影响，时刻可以出发；

　　（2）船装有先进的雷达扫描系统，附近有船或冰山接近，驾驶舱的警报会响起，船会自动停下；

　　（3）大型船只可以水陆两栖，只要一个按钮就可以自由切换。

　　法则1　完备性法则：

　　系统向人更少介入的方向发展。

　　①减少人工动作　包含人工动作—保留人工动作的方法，机器部分代替人工—机器动作。

本系统目前处于机器动作阶段。

② 在同一水平上减少人工介入 包含人工—执行机构的替代—传输机构的替代—能量源的替代。

本系统的传输机构、能量源都替代了人工。

③ 在不同水平上减少人工介入 包含人工—执行水平的替代—控制水平的替代—决策水平的替代。

本系统在执行水平替代了人工。

建议：对于事务性决策，可以提炼出决策模型，由机器和程序替代，以便加速决策反馈；但是对于复杂状况的判断，仍然由人决策。对于控制水平，可以研制智能驾驶，实现无人操作。

法则2 能量传递法则

① 向更高效的场转化 机械场—声场—化学场—热场—电场—电磁场。

目前的系统使用的是化学场，可以考虑船的能量进化途径：人工动力—风动力—蒸汽动力—燃油动力—核动力，未来进化使用更高级的场是否能达到轮船航行的动力。

② 增加场效率 直接场—反向场—与反向场合成—交替场/驻波/共振—脉冲场—梯度场—不同场的组合。

目前的系统应用的是直接场，可以考虑：脉冲场能否使用。

法则3 协调性法则：

技术系统的进化是沿着各个子系统相互之间更加协调，以及系统与环境更加协调的方向发展。

对本系统最重要的协调性，是船体、轮机和电器设计的协调，确保船只在水上正常航行，受到环境的干扰最小，也就是系统与环境相协调的需求。

① 元件匹配 元件不匹配—匹配—失谐—动态匹配

本系统处于匹配状态。

② 调节匹配 最小匹配—强制匹配—缓冲匹配—自匹配（或者不匹配）

本系统处于自匹配。

③ 工具与工件匹配 点作用—线作用—面作用—体作用

船与水的接触是体接触。

④ 加工节奏匹配 输送与加工动作不协调—协调，速度匹配—协调，速度轮流匹配—独立开来。

本系统是协调、速度匹配。

法则4 提高理想度法则：

最理想的技术系统是能够实现所有的功能，但作为实体并不存在，也不消耗任何的资源。

系统向四个方向发展：

① 增加系统的功能 提高载重量；加快速度；各种用途的船舶；

② 传输尽可能多的功能到元件上　船体形状复杂化；空洞程度增加；轻量化设计（中空）；中空提供的额外空间的应用等；

③ 将一些系统功能转移到超系统或外部环境中；

④ 利用内部或外部已存在的可利用资源　压舱物的裁剪（实现多用途）；海水资源的应用；增加协调性定律。

案例 2

交通工具——飞机的进化

（1）为系统选择零部件

飞机的发明是从 100 多年前开始的。当时的发明人所考虑的问题是：飞行的部件是什么？发动机是否装在机翼内？机翼是固定的还是活动的？如果是活动的，是否与鸟的翅膀相同？发动机的类型是什么？蒸汽发动机还是电动机？经过多次实验，选用了固定式机翼及内燃机。

（2）改善零部件

发明人改进组成技术系统的不同零部件，对其形状、各种关系进行优化，采用更合适的材料、尺寸等。对于飞机的改进，该阶段的问题是：一架飞机采用几个机翼，一个、两个还是三个；控制系统放在什么位置，前部还是后部；发动机的具体位置；螺旋桨应如何设计，是推动型还是拉动型；一架飞机应采用多少个齿轮等。经过该阶段的进化所设计的飞机与今天的飞机已很相似了。

（3）系统动态化

在该阶段，很多采用刚性连接的零部件改为柔性连接，如发明了飞机的可伸缩起落架，能改变形状的机翼，机身的前部可上下移动，发明了使飞机垂直升降的发动机等。由于系统动态化进化，系统性能空前提高。

（4）系统的自控制

这一进化步骤还没有广泛实现，但可从火箭、航天器的设计中看出该进化步骤已初露端倪，如运行中的航天器可对其自身的某些行为进行自组织。这只是该进化步骤的开始，未来的系统能自动的适应环境。

思考：牙刷的技术进化。

第8章 科学效应

所谓科学效应，就是不同科学领域里的一些自然定律，例如热胀冷缩是典型的物理效应。每一种效应都可能是求解某一类问题的关键。TRIZ 理论的创始人阿奇舒勒发现，那些不同凡响的发明专利通常都是利用了某种科学效应，或者是出人意料地将已知的效应及其综合，应用到以前没有使用过该效应的技术领域中。为了将工程领域中常常用到的功能和特性，与人类已经发现的科学原理和效应所提供的功能和特性相对应，方便工程师查询，阿奇舒勒和 TRIZ 理论的研究者共同开发了一个科学效应数据库，详见附录 2、3（30 个 How to 模型和 100 个科学效应对照表）。

8.1 应用科学效应解题方法

8.1.1 How to 模型

当设计一个新的技术系统时，为了将两个技术过程连接在一起，需要找到一个纽带，How to 模型是其中之一。如何升高温度？如何分离混合物。对于这样一些问题，我们可以用 How to 模型来解决。How to 模型的标准表达形式："如何 + 动词 + 名词（How to + V + O）"。名词多为物体的性质或参数，如温度、形状等。如"如何升高温度"等。在应用 How to 模型时，关键在于选择合适的问题模型。How to 模型将高难度的问题和所要实现的功能进行归纳总结，每一个功能相对应一个代码，详见表 8-1。根据功能代码可以查找此代码下的各种可用科学效应和现象。

表 8-1 How to 模型（功能代码表）

功能代码	实现的功能	功能代码	实现的功能	功能代码	实现的功能
F01	测量温度	F11	稳定物体位置	F21	改变表面性质
F02	降低温度	F12	产生/控制力，形成高的压力	F22	检查物体容量的状态和性质
F03	提高温度	F13	控制摩擦力	F23	改变物体空间性质
F04	稳定温度	F14	解体物质	F24	形成要求的结构，稳定物体结构
F05	探测物体的位移和运动	F15	积蓄机械能与热能	F25	探测电场和磁场
F06	控制物体位移	F16	传递能量	F26	探测辐射
F07	控制液体及气体的运动	F17	建立移动的物体和固定的物体之间的交互作用	F27	产生辐射
F08	控制浮质（气体中的悬浮微粒，如烟、雾等）的流动	F18	测量物体的尺寸	F28	控制电磁场
F09	搅拌混合物，形成溶液	F19	改变物体尺寸	F29	控制光
F10	分解混合物	F20	检查表面性质和状态	F30	产生及加强化学变化

8.1.2 科学效应

我们从进入学校大门，就开始了对数学、物理和化学等自然科学知识的学习，花费了大量的时间和精力来学习和掌握各门知识。但是对于如何在实践中应用所学到的这些知识，却一片茫然。进入社会以后，这些知识基本上被封存起来了，很少再有机会来重新回顾这些知识，更谈不上利用这些知识来解决那些看起来难以解决的技术问题。然而，在解决技术问题的过程中，这些科学原理，尤其是科学效应和现象的应用，对于问题的求解往往具有不可估量的作用。一个普通的工程师通常知道大约 100 个效应和现象，但是科学文献中却记录了约 10000 种效应。

由某种动因或原因所产生的一种特定的科学现象，称为"科学效应"。例如，由物理的或化学的作用所产生的效果，如光电效应、热效应、化学效应、法拉第效应等。每一个效应都可以用来解决某一类问题。

例如，有一种弹簧，其尺寸和组成材料都是无法改变的。如何在不添加任何辅助结构（不向它添加任何补充弹簧等）的条件下提高弹簧的刚性？

解决办法：使每圈弹簧磁化，让同极性挨着，这样在弹簧压缩时就会产生附加的推力。这就是一个典型的利用物理效应来解决技术问题的例子。

例如压电打火机的点火过程。压电打火机是利用压电陶瓷的压电效应制成的。只要用大拇指压一下打火机上的按钮，将压力施加到压电陶瓷上，压电陶瓷即产生高电压，形成火花放电，从而点燃可燃气体。如果将手指压按钮的动作看成是一个技术过程，将气体燃烧看成是另一个技术过程，那么，将这两个技术过程连接起来的纽带就是压电效应。在这个技术系统中，压电陶瓷的功能就是利用压电效应将机械能转换成电能。

TRIZ 理论中，按照"从技术目标到实现方法"的方式来组织效应库，发明者可根据 TRIZ 的分析工具决定需要实现的"技术目标"，然后选择需要的"实现方法"，即相应的科学效应。TRIZ 的效应库的组织结构，便于发明者对效应应用。

基于对世界专利库的大量专利的分析，TRIZ 理论总结了大量的物理、化学和几何效应，每一个效应都可能用来解决某一类问题。为了帮助工程师们利用这些科学原理和效应来解决工程技术问题，在阿奇舒勒的提议下，TRIZ 研究者共同开发了效应数据库，其目的就是为了将那些在工程技术领域中常常用到的功能和特性，与人类已经发现的科学原理或效应所能够提供的功能和特性对应起来，以方便工程师们进行检索。

8.2 应用科学效应解题案例与训练

应用科学效应和现象解题时，可按照如下 5 个步骤：
① 分析待解决的问题，明确要实现的功能；
② 根据功能从代码表（表 8-1）中确定与此功能相对应的代码，此代码是 F1～F30 中的一个；
③ 从 "30 个 How to 模型和 100 个科学效应对照表" 中查找此功能代码下所推荐的科学效应和现象，获得相应的科学效应和现象的名称；
④ 筛选所推荐的每个科学效应和现象，优选适合解决本问题的科学效应和现象；
⑤ 查找优选出来的每个科学效应和现象的详细解释，应用于该问题的解决，形成解决方案。

例 1 电灯泡厂的厂长将厂里的工程师召集起来开会，分析顾客对产品的满意度调查表，结果显示顾客对灯泡质量非常不满意。

① 分析问题，确定功能　经过分析，工程师们发现灯泡里的压力有问题。压力比正常值时高时低。要实现的功能是准确测量灯泡内部气体的压力（图 8-1）。

② 查找功能代码表　获得代码 F12。

③ TRIZ 推荐的可以测量压力的物理效应和现象　有机械振动、压电效应、驻极体、电晕放电、韦森堡效应等。

④ 效应取舍　经过对以上效应逐一分析，只有 "电晕" 的出现依赖于气体成分和导体周围的气压，所以电晕放电能够适合测量灯泡内部气体的压力。

⑤ 方案验证　如果灯泡灯口加上额定高电压，气体达到额定压力就会产生电晕放电。
最终解决方案，用电晕放电效应测量灯泡内部气体的压力。

例 2 冬季输电线出现结冰现象，如何解决？（图 8-2）

图 8-1　测量灯泡内的气体压力

图 8-2　输电线路的结冰现象

① 问题分析及功能确定 北方冬季寒冷，输电线结冰将带来严重后果，必须及时清除电线上的冰雪。电线除冰，可以提高温度使冰融化予以解决。

② 查找功能代码表 获得代码 F03，提高温度，能提高温度的效应：传导、对流、电磁感应、热电介质、热电子、材料吸收辐射、物体的压缩等。

③ 效应取舍 经过逐一分析，选用电磁感应效应，在每隔一段距离电线安上一铁磁体环，由电磁感应产生电流而产生热，从而加热电线，溶解冰雪。

④ 最终解决方案 用电磁感应效应溶解电线上的冰雪。由于铁磁体环常年为电线加热，需结合铁磁性材料的居里点，低于 0℃时通电，高于 0℃时断电，以减少不必要的能源浪费。

例 3 街道上的噪声（图 8-3）。街上交通不间断的、单调的噪声使人疲乏，而且会打断工作，普通的百叶窗在一定程度上减少了噪声，但单调的声音没有变化，这一单调的声音来自交通流引起的声音振动频率的不间断波谱。

① 问题分析及功能确定 单调的噪声使人疲乏而且会打断工作。减少声音振动频率的不间断波谱。

② 查找代码确定效应 F24，创造给定的结构，稳定对象的结构，选择机械与声音振动。

图 8-3 街道上的噪声

③ 效应取舍 频率过滤器可以改变复杂振动过程（包括声学上的振动）的频谱结构，这些过滤器是中介或变换工具，过滤或减弱特定的频率的同时让其他频率通过。

④ 最终解决方案 用具有不同大小细孔的百叶窗，对声学震动的机械过滤达到理想效果，使过滤后传入的声音类似于沙滩上的频谱，这些声音不再引起疲劳、分散注意力等。

人类发明和正在应用的任何一个技术系统都必定依赖于人类已经发现或尚未被证明的科学原理，因此，最基础的科学效应和科学现象是人类创造发明的不竭源泉。阿基米德定律、伦琴射线、超导现象、电磁感应、法拉第效应等都早已经成为我们日常生产和生活中各种工具和产品所采用的技术和理论。科学原理，尤其是科学效应和现象的应用，对发明问题的解决具有超乎想象的、强有力的帮助。

 应用练习

1. 在一个化学试验室，工程师在制造一台生产新型肥料的机器。新型肥料不能通过直接混合"A"液体和"B"液体制取。因此，机器要把两种不同的液体成分分别雾化并充分混合在一起。

2. 为什么需要建立科学效应库？

3. 应用科学效应库解决问题的一般步骤是什么？

附　　　录

附录1　39×39

恶化的通用工程参数

改善的通用工程参数

	1	2	3	4	5	6	7	8	9	10	11	12	13	14	15	16	17	18
1			15, 8, 29, 34		29, 17, 38, 34		29, 2, 40, 28		2, 8, 15, 38	8, 10, 18, 37	10, 36, 37, 40	10, 14, 35, 40	1, 35, 19, 39	28, 27, 18, 40	5, 34, 31, 35		6, 29, 4, 38	19, 1, 32
2				10, 1, 29, 35		35, 30, 13, 2		5, 35, 14, 2		8, 10, 19, 35	13, 29, 10, 18	13, 10, 29, 14	26, 39, 1, 40	28, 2, 10, 27		2, 27, 19, 6	28, 19, 32, 22	35, 19, 32
3	15, 8, 29, 34				15, 17, 4		7, 17, 4, 35		13, 4, 8	17, 10, 4	1, 8, 35	1, 8, 10, 29	1, 8, 15, 34	8, 35, 29, 34	19		10, 15, 19	32
4		35, 28, 40, 29				17, 7, 10, 40		35, 8, 2, 14		28, 1	1, 14, 35	13, 14, 15, 7	39, 37, 35	15, 14, 28, 26		1, 40, 35	3, 35, 38, 18	3, 25
5	2, 17, 29, 4		14, 15, 18, 4				7, 14, 17, 4		29, 30, 4, 34	19, 30, 35, 2	15, 35, 36, 28	5, 34, 29, 4	11, 2, 13, 39	3, 15, 40, 14		6, 3	2, 15, 16	15, 32, 19, 13
6		30, 2, 14, 18		26, 7, 9, 39						1, 18, 35, 36	10, 15, 36, 37		2, 38	40		2, 10, 19, 30	35, 39, 38	
7	2, 26, 29, 40		1, 7, 35, 4		1, 7, 4, 17				29, 4, 38, 34	15, 35, 36, 37	6, 35, 36, 37	1, 15, 29, 4	28, 10, 1, 39	9, 14, 15, 7	6, 35, 4		34, 39, 10, 18	10, 13, 2
8		35, 10, 19, 14	19, 14	35, 8, 2, 14					2, 18, 37	24, 35	7, 2, 35	34, 28, 35, 40	9, 14, 17, 15		35, 34, 38	35, 6, 4		
9	2, 28, 13, 38		13, 14, 8		29, 30, 34		7, 29, 34			13, 28, 15, 19	6, 18, 38, 40	35, 15, 18, 34	28, 33, 1, 18	8, 3, 26, 14	3, 19, 35, 5		28, 30, 36, 2	10, 13, 19
10	8, 1, 37, 18	18, 13, 1, 28	17, 19, 9, 36	28, 1	19, 10, 15	1, 18, 36, 37	15, 9, 12, 37	2, 36, 18, 37	13, 28, 15, 12		18, 21, 11	10, 35, 40, 34	35, 10, 21	35, 10, 14, 27	19, 2		35, 10, 21	
11	10, 36, 37, 40	13, 29, 10, 18	35, 10, 36	35, 1, 14, 16	10, 15, 36, 28	10, 15, 36, 37	6, 35, 10	35, 24	6, 35, 36	36, 35, 21		35, 4, 15, 10	35, 33, 2, 40	9, 18, 3, 40	19, 3, 27		35, 39, 19, 2	
12	8, 10, 29, 40	15, 10, 26, 3	29, 34, 5, 4	13, 14, 10, 7	5, 34, 4, 10		14, 4, 15, 22	7, 2, 35	35, 15, 34, 18	35, 10, 37, 40	34, 15, 10, 14		33, 1, 18, 4	30, 14, 10, 40	14, 26, 9, 25		22, 14, 19, 32	13, 15, 32
13	21, 35, 2, 39	26, 39, 1, 40	13, 15, 1, 28	37	2, 11, 13	39	28, 10, 19, 39	34, 28, 35, 40	33, 15, 28, 18	10, 35, 21, 16	2, 35, 40	22, 1, 18, 4		17, 9, 15	13, 27, 10, 35	39, 3, 35, 23	35, 1, 32	32, 3, 27, 15
14	1, 8, 40, 15	40, 26, 27, 1	1, 15, 8, 35	15, 14, 28, 26	3, 34, 40, 29	9, 40, 28	10, 15, 14, 7	9, 14, 17, 15	8, 13, 26, 14	10, 18, 3, 14	10, 3, 18, 40	10, 30, 35, 40	13, 17, 35		27, 3, 26		30, 10, 40	35, 19
15	19, 5, 34, 31		2, 19, 9		3, 17, 19		10, 2, 19, 30		3, 35, 5	19, 2, 16	19, 3, 27	14, 26, 28, 25	13, 3, 35	27, 3, 10			19, 35, 39	2, 19, 4, 35
16		6, 27, 19, 16		1, 40, 35			35, 34, 38			39, 3, 35, 23			19, 18, 36, 40		
17	36, 22, 6, 38	22, 35, 32	15, 19, 9	15, 19, 9	3, 35, 39, 18	35, 38	34, 39, 40, 18	35, 6, 4	2, 28, 36, 30	35, 10, 3, 21	35, 39, 19, 2	14, 22, 19, 32	1, 35, 32	10, 30, 22, 40	19, 13, 39	19, 18, 36, 40		32, 30, 21, 16
18	19, 1, 32	2, 35, 32	19, 32, 16		19, 32, 26		2, 13, 10		10, 13, 19	26, 19, 6		32, 30	32, 3, 27	35, 19	2, 19, 6		32, 35, 19	
19	12, 18, 28, 31		12, 28		15, 19, 25		35, 13, 18		8, 15, 35	16, 26, 21, 2	23, 14, 25	12, 2, 29	19, 13, 17, 24	5, 19, 9, 35	28, 35, 6, 18		19, 24, 3, 14	2, 15, 19
20		19, 9, 6, 27								36, 37			27, 4, 29, 18	35			19, 2, 35, 32	
21	8, 36, 38, 31	19, 26, 17, 27	1, 10, 35, 37		19, 38	17, 32, 13, 38	35, 6, 38	30, 6, 25	15, 35, 2	26, 2, 36, 35	22, 10, 35	29, 14, 2, 40	35, 32, 15, 31	26, 10, 28	19, 35, 10, 38	16	2, 14, 17, 25	16, 6, 19
22	15, 6, 19, 28	19, 6, 18, 9	7, 2, 6, 13	6, 38, 7	15, 26, 17, 30	17, 7, 30, 18	7, 18, 23	7	16, 35, 38	36, 38		14, 2, 39, 6	26		19, 38, 7	1, 13, 32, 15
23	35, 6, 23, 40	35, 6, 22, 32	14, 29, 10, 39	10, 28, 24	35, 2, 10, 31	10, 18, 39, 31	1, 29, 30, 36	3, 39, 18, 31	10, 13, 28, 38	14, 15, 18, 40	3, 36, 37, 10	29, 35, 3, 5	2, 14, 30, 40	35, 28, 31, 40	28, 27, 3, 18	27, 16, 18, 38	21, 36, 39, 31	1, 6, 13
24		10, 24, 35	10, 35, 5		1, 26	26	30, 26	30, 16		2, 22	26, 32					10	10	19
25	10, 20, 37, 35	10, 20, 26, 5	15, 2, 29	30, 24, 14, 5	26, 4, 5, 16	10, 35, 17, 4	2, 5, 34, 10	35, 16, 32, 18		10, 37, 36, 5	37, 36, 4	4, 10, 34, 17	35, 3, 22, 5	29, 3, 28, 18	20, 10, 28, 18	28, 20, 10, 16	35, 29, 21, 18	1, 19, 26, 17
26	35, 6, 18, 31	27, 26, 18, 35	29, 14, 35, 18		15, 14, 29	2, 18, 40, 4	15, 20, 29		35, 29, 34, 28	35, 14, 3	10, 36, 14, 3	35, 14	15, 2, 17, 40	14, 35, 34, 10	3, 35, 10, 40	3, 35, 31	3, 17, 39	
27	3, 8, 10, 40	3, 10, 8, 28	15, 9, 14, 4	15, 29, 28, 11	17, 10, 14, 16	32, 35, 40, 4	3, 10, 14, 24	2, 35, 24	21, 35, 11, 28	8, 28, 10, 3	10, 24, 35, 19	35, 1, 16, 11		11, 28	2, 35, 3, 25	34, 27, 6, 40	3, 35, 10	11, 32, 13
28	32, 35, 26, 28	28, 35, 25, 26	28, 26, 5, 16	32, 28, 3, 16	26, 28, 32, 3	26, 28, 32, 3	32, 13, 6		28, 13, 32, 24	32, 2	6, 28, 32	6, 28, 32	32, 35, 13	28, 6, 32	28, 6, 32	10, 26, 24	6, 19, 28, 24	6, 1, 32
29	28, 32, 13, 18	28, 35, 27, 9	2, 32, 10	28, 33, 29, 32	2, 29, 18, 36	32, 28, 2	25, 10, 35	10, 28, 32	28, 19, 34, 36	3, 35	32, 30, 40	30, 18	3, 27	3, 27, 40			19, 26	3, 32
30	22, 21, 27, 39	2, 22, 13, 24	17, 1, 39, 4	1, 18	22, 1, 33, 28	27, 2, 39, 35	22, 23, 37, 35	34, 39, 19, 27	21, 22, 35, 28	13, 35, 39, 18	22, 2, 37	22, 1, 3, 35	35, 24, 30, 18	18, 35, 37, 1	22, 15, 33, 28	17, 1, 40, 33	22, 33, 35, 2	1, 19, 32, 13
31	19, 22, 15, 39	35, 22, 1, 39	17, 15, 16, 22		17, 2, 18, 39	22, 1, 40	17, 2, 40	30, 18, 35, 4	35, 28, 3, 23	35, 28, 1, 40	35, 1	35, 40, 27, 39	15, 35, 22, 2	15, 22, 33, 31	21, 39, 16, 22	22, 35, 2, 24	19, 24, 39, 32	
32	28, 29, 15, 16	1, 27, 36, 13	1, 29, 13, 17	15, 17, 27	13, 1, 26, 12	16, 4	13, 29, 1, 40	35	35, 13, 8, 1	35, 12	35, 19, 1, 37	1, 28, 13, 27	11, 13, 1	1, 3, 10, 32	27, 1, 4	35, 16	27, 26, 18	28, 24, 27, 1
33	25, 2, 13, 15	6, 13, 1, 25	1, 17, 13, 12		1, 17, 13, 16	18, 16, 15, 39	1, 16, 35, 15	4, 18, 39, 31	18, 13, 34	28, 13, 35	2, 32, 12	15, 34, 29, 28	32, 35, 30	32, 40, 3, 28	29, 3, 8, 25	1, 16, 25	26327, 13	13, 17, 1, 24
34	2, 27, 35, 11	2, 27, 35, 11	1, 28, 10, 25	3, 18, 31	15, 13, 32	16, 25	25, 2, 35, 11	1	34, 9	1, 11, 10	13	1, 13, 2, 4	2, 35	1, 11, 2, 9	11, 29, 28, 27	1	4, 10	15, 1, 13
35	1, 6, 15, 8	19, 15, 29, 16	35, 1, 29, 2	1, 35, 16	35, 30, 29, 7	15, 16	15, 35, 29		35, 10, 14	15, 17, 20	35, 16	15, 37, 1, 8	35, 30, 14	35, 3, 32, 6	13, 1, 35	2, 16	27, 2, 3, 35	6, 22, 26, 1
36	26, 30, 34, 36	2, 26, 35, 39	1, 19, 26, 24	26	14, 1, 13, 16	6, 36	34, 26, 6	1, 16	34, 10, 28	26, 16	19, 1, 35	29, 13, 28, 15	2, 22, 17, 19	2, 13, 28	10, 4, 28, 15		2, 17, 13	24, 17, 13
37	27, 26, 28, 13	6, 13, 28, 1	16, 17, 26, 34	26	2, 13, 18, 17	2, 39, 30, 16	29, 1, 4, 16	2, 18, 26, 31	3, 4, 16, 35	36, 28, 40, 19	35, 36, 37, 32	27, 13, 1, 39	11, 22, 39, 30	27, 3, 15, 28	19, 29, 25, 39	25, 34, 6, 35	3, 27, 35, 16	2, 24, 26
38	28, 26, 18, 35	28, 26, 35, 10	14, 13, 28, 17	23	17, 14, 13		35, 13, 16		28, 10	2, 35	13, 35	15, 32, 1, 13	18, 1	25, 13	6, 9		26, 2, 19	8, 32, 19
39	35, 26, 24, 37	28, 27, 15, 3	18, 4, 28, 38	30, 7, 14, 26	10, 26, 34, 31	10, 35, 17, 7	2, 6, 34, 10	35, 37, 10, 2		28, 15, 10, 36	10, 37, 14	14, 10, 34, 40	35, 3, 22, 39	29, 28, 10, 18	35, 10, 2, 18	20, 10, 16, 38	35, 21, 28, 10	26, 17, 19, 1

矛盾矩阵表

	19	20	21	22	23	24	25	26	27	28	29	30	31	32	33	34	35	36	37	38	39
	35, 12, 34, 31		12, 36, 18, 31	6, 2, 34, 19	5, 35, 3, 31	10, 24, 35	10, 35, 20, 28	3, 26, 18, 31	3, 11, 1, 27	28, 27, 35, 26	28, 35, 26, 18	22, 21, 18, 27	22, 35, 31, 39	27, 28, 1, 36	35, 3, 2, 24	2, 27, 28, 11	29, 5, 15, 8	26, 30, 36, 34	28, 29, 26, 32	26, 35, 18, 19	35, 3, 24, 37
		18, 19, 28, 1	15, 19, 18, 22	18, 19, 28, 15	5, 8, 13, 30	10, 15, 35	10, 20, 35, 26	19, 6, 18, 26	10, 28, 8, 3	18, 26, 28	10, 1, 35, 17	2, 19, 22, 37	35, 22, 1, 39	28, 1, 9	6, 13, 1, 32	2, 27, 28, 11	19, 15, 29	1, 10, 26, 39	19, 15, 17	25, 28, 2, 35	1, 28, 15, 35
	8, 35, 24		1, 35	7, 2, 35, 39	4, 29, 23, 10	1, 24	15, 2, 29	29, 35	10, 14, 29, 40	28, 32, 4	10, 28, 29, 37	1, 15, 17, 24	17, 15	1, 29, 35, 4	15, 29, 35, 4	1, 28, 10	14, 15, 1, 16	1, 19, 26, 24	35, 1, 26, 24	17, 24, 26, 16	14, 4, 28, 29
			12, 8	6, 28	10, 28, 24, 35	24, 26, 30, 29, 14		15, 29, 28	32, 28, 3	2, 32, 10	1, 18		15, 17, 27	2, 25	3	1, 35	1, 26	26		30, 14, 7, 26
	19, 32		19, 10, 32, 18	15, 17, 30, 26	10, 35, 2, 39	30, 26	26, 4	29, 30, 6, 13	29, 9	22, 33, 28, 1	17, 2, 18, 39	13, 1, 26, 24	13, 17, 1316	1, 13, 10, 1	15, 30	14, 1, 13	2, 36, 26, 18	14, 30, 28, 23	10, 26, 34, 2
			17, 32	17, 7, 30	10, 14, 18, 39	30, 16	10, 35, 4, 18	2, 18, 40, 4	32, 35, 40, 4	26, 28, 18, 36	2, 29, 18, 36	27, 2, 39, 35	22, 1, 40	40, 16	16, 4	16	15, 16	1, 18, 36	2, 35, 30, 18	23	10, 156, 17, 7
	35		35, 6, 13, 18	7, 15, 13, 16	36, 39, 34, 10	2, 22	2, 6, 34, 10	29, 30, 7	14, 1, 40, 11	25, 26, 28	25, 28, 2, 16	22, 21, 27, 35	2, 33, 27, 18	29, 1, 40	15, 13, 30, 12	10	15, 29	26, 1	29, 26, 4	35, 34, 16, 24	10, 6, 2, 34
			30, 6		10, 39, 35, 34		35, 16, 32 18	35, 3	2, 35, 16		35, 10, 25	34, 39, 19, 27	30, 18, 35, 4	35		1		1, 31	2, 17, 26		35, 37, 10, 2
	8, 15, 35, 38		19, 35, 38, 2	14, 20, 19, 35	10, 13, 28, 38	13, 26		10, 19, 29, 38	11, 35, 27, 28	28, 32, 1, 24	10, 28, 32, 25	1, 28, 35, 23	2, 24, 35, 21	35, 13, 8, 1	32, 28, 13, 12	34, 2, 28, 27	15, 10, 26	10, 28, 4, 34	3, 34, 27, 16	10, 18	
	19, 17, 10	1, 16, 36, 37	19, 35, 18, 37	14, 15	8, 35, 40, 5		10, 37, 36	14, 29, 18, 36	3, 35, 13, 21	35, 10, 23, 24	28, 29, 37, 36	1, 35, 40, 18	13, 3, 36, 24	15, 37, 18, 1	1, 28, 3, 25	15, 1, 11	15, 17, 18, 20	26, 35, 10, 18	36, 37, 10, 19	2, 35	3, 28, 35, 37
	14, 24, 10, 37		10, 35, 14	2, 36, 25	10, 36, 37		37, 36, 4	10, 14, 36	15, 13, 19, 35	6, 28, 25	3, 35	22, 2, 37	2, 33, 27, 18	1, 35, 16	11	2	35	19, 1, 35	2, 36, 37	35, 24	10, 14, 35, 37
	2, 6, 34, 14		4, 6, 2	14	35, 29, 3, 5		14, 10, 34, 17	36, 22	10, 40, 16	28, 32, 1	32, 30, 40	22, 1, 2, 35	35, 1	1, 32, 17, 28	32, 15, 26	2, 13, 1	1, 15, 29	16, 29, 1, 28	15, 13, 39	15, 1, 32	17, 26, 34, 10
	13, 19	27, 4, 29, 18	32, 35, 27, 31	14, 2, 39, 6	2, 14, 30, 40		35, 27	15, 32, 35		13	18	35, 23, 18, 30	35, 40, 27, 39	35, 19	32, 35, 30	2, 35, 10, 16	35, 30, 34, 2	2, 35, 22, 26	35, 22, 39, 23	1, 8, 35	23, 35, 40, 3
	19, 35, 10	35	10, 26, 35, 28	35	35, 28, 31, 40		29, 3, 28, 10	29, 10, 27	11, 3	3, 27	3, 27, 16	15, 35, 37, 1	15, 35, 22, 2	11, 3, 10, 32	32, 40, 28, 2	27, 11, 3	15, 3, 32	2, 13, 28	27, 3, 15, 40	15	29, 35, 10, 14
	28, 6, 35, 18		19, 10, 35, 38		28, 27, 3, 18	10	20, 10, 28, 18	3, 35, 10, 40	11, 2, 13	3	3, 27, 16, 40	22, 15, 33, 28	21, 39, 16, 22	27, 1, 4	12, 27	29, 10, 27	1, 35, 13	10, 4, 29, 15	19, 29, 39, 35	6, 10	35, 17, 14, 19
			16		27, 16, 18, 38	10	28, 20, 10, 16	3, 35, 31	34, 27, 6, 40	10, 26, 24		17, 1, 40, 33	22	35, 10	1	1	2		25, 34, 6, 35	1	20, 10, 16, 38
	19, 15, 3, 17		2, 14, 17, 25	21, 17, 35, 38	21, 36, 29, 31		35, 28, 21, 18	3, 17, 30, 39	19, 35, 3, 10	32, 19, 24	24	22, 33, 35, 2	22, 35, 2, 24	26, 27	26, 27	4, 10, 16	2, 18, 27	2, 17, 16	3, 27, 35, 31	23, 2, 19, 16	15, 28, 35
	32, 1, 19	32, 35, 1, 15	32	19, 16, 1, 6	13, 1	1, 6	19, 1, 26, 17	1, 19		11, 15, 32	3, 32	15, 19	35, 19, 32, 39	19, 35, 28, 26	28, 26, 19	15, 17, 13, 16	15, 1, 19	6, 32, 13	32, 15	2, 26, 10	2, 25, 16
			6, 19, 37, 18	12, 22, 15, 24	35, 24, 18, 5		35, 38, 19, 18	34, 23, 16, 18	19, 21, 11, 27	3, 1, 32		1, 35, 6, 27	2, 35, 6	28, 26, 30	19, 35	1, 15, 17, 28	15, 17, 13, 16	2, 29, 27, 28	35, 38	32, 2	12, 28, 35
					28, 27, 18, 31		3, 35, 31	10, 36, 23				10, 2, 22, 37	19, 22, 18	1, 4					19, 35, 16, 25		1, 6
	16, 6, 19, 37		10, 35, 38	28, 27, 18, 38	10, 19		35, 20, 10, 6	4, 34, 19	19, 24, 26, 31	32, 15, 2	32, 2	19, 22, 31, 2	2, 35, 18	26, 10, 34	26, 35, 10	35, 2, 10, 34	19, 17, 34	20, 19, 30, 34	19, 35, 16	28, 2, 17	28, 35, 34
			3, 38		35, 27, 2, 37	19, 10	10, 18, 32, 7	7, 18, 25	11, 10, 35	32		21, 22, 35, 2	21, 35, 2, 22	35, 32, 1, 2	2, 19		7, 23	35, 3, 15, 23	2	28, 10, 1, 2	35, 10, 18, 5
	35, 18, 24, 5	28, 27, 12, 31	28, 27, 18, 38	35, 27, 2, 31			15, 18, 35, 10	6, 3, 10, 24	10, 29, 39, 35	16, 34, 31, 28	35, 10, 24, 31	33, 22, 30, 40	10, 1, 34, 29	15, 34, 33	32, 28, 2, 24	2, 35, 34, 27	15, 10, 2	35, 10, 28, 24	35, 18, 10, 13	35, 10, 18	28, 35, 10, 23
			10, 19	19, 10			24, 26, 28, 32	24, 28, 35	10, 28, 23		22, 10, 1	10, 21, 22	32	27, 22				35, 33	35	13, 23, 15	
	35, 38, 19, 18	1	35, 20, 10, 6	10, 5, 18, 32	35, 18, 10, 39	24, 26, 28, 32		35, 38, 18, 16	10, 30, 4	24, 34, 28, 32	24, 26, 28, 18	35, 18, 34	35, 22, 18, 39	35, 28, 34, 4	4, 28, 10, 34	32, 1, 10	35, 28	6, 29	18, 28, 32, 10	24, 28, 35, 30	
	34, 29, 16, 18	3, 35, 31	35	7, 18, 25	6, 3, 10, 24	24, 28, 35	35, 38, 18 316		18, 3, 28, 40	13, 2, 28	33, 30	35, 33, 29, 31	3, 35, 40, 39	29, 1, 35, 27	35, 29, 25	2, 32, 10, 25	15, 3, 29	3, 13, 27, 10	3, 27, 29, 18	8, 35	13, 29, 3, 27
	21, 11, 27, 19	36, 23		21, 11, 26, 31	10, 11, 35	10, 28	10, 30, 4	21, 28, 40, 3		32, 3, 11, 23	11, 32, 1	27, 35, 2, 40	35, 2, 40, 26		27, 17, 40	1, 11	13, 35, 8, 24	13, 35, 1	27, 40, 28	11, 13, 27	1, 35, 29, 38
	3, 6, 32		3, 6, 32		26, 32, 27	10, 16, 31, 28	24, 34, 28, 32	2, 6, 32	5, 11, 1, 23		28, 24, 22, 26	3, 33, 39, 10	6, 35, 25, 18	1, 13, 17, 34	1, 32, 13, 11	13, 35, 2	27, 35, 10, 34	26, 24, 32, 28	28, 2, 10, 34	10, 34, 28, 32	
	32, 2		32, 2		13, 32, 2	35, 31, 10, 24		32, 26, 28, 18	32, 30	11, 32, 1		26, 28, 10, 36	4, 17, 34, 26		1, 32, 35, 23	25, 10		26, 2, 18		26, 28, 18, 23	10, 18, 32, 39
	1, 24, 6, 27	10, 2, 22, 37	19, 22, 31, 2	21, 22, 35, 2	33, 22, 19, 40	22, 10, 2	35, 18, 34	35, 33, 29, 31	27, 24, 2, 40	28, 33, 23, 26	26, 28, 10, 18		24, 35, 2	2, 25, 28, 39	35, 10, 2	35, 11, 22, 31	22, 19, 29, 40	22, 19, 29, 40	33, 3, 34	22, 35, 13, 24	
	2, 35, 6	19, 22, 18	2, 35, 18	21, 35, 22, 2	10, 1, 34	10, 21, 29	1, 22	3, 24, 39, 1	24, 2, 40, 39	3, 33, 26	4, 17, 34, 26			2, 5, 13, 16	35, 1, 11, 9	2, 13, 15	27, 26, 1	6, 28, 11, 1	8, 28, 1	35, 1, 10, 28	
	28, 26, 27, 1	1, 4	27, 1, 12, 24	19, 35	15, 34, 33	32, 24, 18, 16	35, 28, 34, 4	35, 23, 1, 24		1, 35, 12, 18		24, 2		2, 5, 13, 16	35, 1, 11, 9	2, 13, 15	27, 26, 1	6, 28, 11, 1	8, 28, 1	35, 1, 10, 28	
	1, 13, 24		35, 34, 2, 10	2, 19, 13	28, 32, 2, 24	4, 10, 27, 22	4, 10, 34	12, 35	17, 27, 8, 40	25, 13, 2, 34	1, 32, 35, 23	2, 25, 28, 39		2, 5, 12		12, 26, 1, 32	15, 34, 1, 16	32, 26, 12, 17		1, 34, 12, 3	15, 1, 28
	15, 1, 28, 16		15, 10, 32, 2	15, 1, 32, 19	2, 35, 34, 27		32, 1, 10, 25	2, 28, 10, 25	11, 10, 1, 16	10, 2, 13	25, 10		35, 102, 16		1, 35, 11, 10	1, 12, 26, 15		7, 1, 4, 16	35, 1, 13, 11		34, 35, 7, 13	1, 32, 10
	19, 35, 29, 13		19, 1, 29	18, 15, 1	15, 10, 2, 13		35, 28	3, 35, 10, 13	35, 13, 8, 1	35, 5, 1, 10		35, 11, 31	1, 13, 31		15, 34, 1, 16	1, 16, 7, 4		15, 29, 37, 28	1	27, 34, 35	35, 28, 6, 37
	27, 2, 29, 28		20, 19, 30, 34	10, 35, 13, 2	35, 10, 28, 29		6, 29	13, 3, 27, 10	13, 35, 1	2, 26, 10, 34	26, 24, 32	22, 19, 29, 40	19, 1	27, 26, 1, 13	27, 9, 26, 24	1, 13	29, 15, 28, 37		15, 10, 37, 28	15, 1, 24	12, 17, 28
	35, 38	19, 35, 16	19, 1, 16, 10	35, 3, 15, 19	1, 18, 10, 24	35, 33, 27, 22	18, 28, 32, 9	3, 27, 29, 18	27, 40, 28, 8	26, 24, 32, 28	22, 19, 29, 28	2, 21		5, 28, 11, 29	2, 5	12, 26	1, 15	15, 10, 37, 28		34, 21	35, 18
	2, 32, 13		28, 2, 27	23, 28	35, 10, 18, 5	35, 33	24, 28, 35, 30		35, 13	11, 27, 32	28, 26, 10, 34	28, 26, 18, 23	2, 33	2	1, 26, 11, 29	1, 12, 34, 3	1, 35, 13	27, 4, 1, 35	15, 24, 10	34, 27, 25	5, 12, 35, 26
	35, 10, 38, 19	1	35, 20, 10	28, 10, 29, 35	28, 10, 35, 23	13, 15, 23		35, 38	1, 35, 10, 38	1, 10, 34, 28	18, 10, 32, 1	22, 35, 13, 24	35, 22, 18, 39	35, 28, 2, 24	1, 28, 7, 19	1, 32, 10, 25	1, 35, 28, 37	12, 17, 28, 24	35, 18, 27, 2	5, 12, 35, 26	

附录2 30个How to 模型与科学效应对照表

功能代码	实现的功能	TRIZ 推荐的科学效应和现象		科学效应和现象序号
F1	测量温度	热膨胀		E75
		热双金属片		E76
		珀耳帖效应		E67
		汤姆逊效应		E80
		热电现象		E71
		热电子发射		E72
		热辐射		E73
		电阻		E33
		热敏性物质		E74
		居里效应（居里点）		E60
		巴克豪森效应		E3
		霍普金森效应		E55
F2	降低温度	一级相变		E94
		二级相变		E36
		焦耳–汤姆逊效应		E58
		珀耳帖效应		E67
		汤姆逊效应		E80
		热电现象		E71
		热电子发射		E72
F3	提高温度	电磁感应		E24
		电介质		E26
		焦耳–楞次定律		E57
		放电		E42
		电弧		E25
		吸收		E84
		发射聚焦		E39
		热辐射		E73
		珀耳帖效应		E67
		热电子发射		E72
		汤姆逊效应		E80
		热电现象		E71
F4	稳定温度	一级相变		E94
		二级相变		E36
		居里效应		E60
F5	探测物体的位移和运动	引入易探测的标识	标记物	E6
			发光	E37
			发光体	E38

续表

功能代码	实现的功能	TRIZ 推荐的科学效应和现象		科学效应和现象序号
F5	探测物体的位移和运动	引入易探测的标识	磁性材料	E16
			永久磁铁	E95
		反射和发射线	反射	E41
			发光体	E38
			感光材料	E45
			光谱	E50
			放射现象	E43
		形变	弹性变形	E85
			塑性变形	E78
		改变电场和磁场	电场	E22
			磁场	E13
		放电	电晕放电	E31
			电弧	E25
			火花放电	E53
F6	控制物体位移	磁力		E15
		电子力	安培力	E2
			洛伦兹力	E64
		压强	液体或气体的压力	E91
			液体或气体的压强	E93
		浮力		E44
		液体动力		E92
		振动		E98
		惯性力		E49
		热膨胀		E75
		热双金属片		E76
F7	控制液体及气体的运动	毛细现象		E65
		渗透		E77
		电泳现象		E30
		Thoms 效应		E79
		伯努利定律		E10
		惯性力		E49
		韦森堡效应		E81
F8	控制浮质（气体中的悬浮微粒，如烟，雾等）的流动	起电		E68
		电场		E22
		磁场		E13
F9	搅拌混合物，形成溶液	弹性波		E19
		共振		E47
		驻波		E99
		振动		E98
		气穴现象		E69
		扩散		E62

续表

功能代码	实现的功能	TRIZ 推荐的科学效应和现象		科学效应和现象序号
F9	搅拌混合物，形成溶液	电场		E22
		磁场		E13
		电泳现象		E30
F10	分解混合物	电场		E22
		磁场		E13
		磁性液体		E17
		惯性力		E49
		吸附作用		E83
		扩散		E62
		渗透		E77
		电泳现象		E30
F11	稳定物体位置	电场		E22
		磁场		E13
		磁性液体		E17
F12	产生/控制力，形成高的压力	磁力		E15
		一级相变		E94
		二级相变		E36
		热膨胀		E75
		惯性力		E49
		磁性液体		E17
		爆炸		E5
		电液压冲压，电水压振扰		E29
		渗透		E77
F13	控制摩擦力	约翰逊－拉别克效应		E96
		振动		E98
		低摩阻		E21
		金属覆层润滑剂		E59
F14	解体物体	放电	火花放电	E53
			电晕放电	E31
			电弧	E25
		电液压冲压，电水压振扰		E29
		弹性波		E19
		共振		E47
		驻波		E99
		振动		E98
		气穴现象		E69
F15	积蓄机械能与热能	弹性变形		E85
		惯性力		E49
		一级相变		E94
		一级相变		E36

续表

功能代码	实现的功能	TRIZ 推荐的科学效应和现象		科学效应和现象序号
F16	传递能量	对于机械能	形变	E85
			弹性波	E19
			共振	E47
			驻波	E99
			振动	E98
			爆炸	E5
			电液压冲压，电水压振扰	E29
		对于热能	热电子发射	E72
			对流	E34
			热传导	E70
		对于辐射	反射	E41
		对于电能	电磁感应	E24
			超导性	E12
F17	建立移动的物体和固定的物体之间的交互作用	电磁场		E23
		电磁感应		E24
F18	测量物体的尺寸	标记	起电	E68
			发光	E37
			发光体	E38
		磁性材料		E16
		永久磁铁		E95
		共振		E47
F19	改变物体尺寸	热膨胀		E75
		形状记忆合金		E87
		形变		E85
		压电效应		E89
		磁弹性		E14
		压磁效应		E88
F20	检查表面状态和性质	放电	电晕放电	E31
			电弧	E25
			火花放电	E53
		反射		E41
		发光体		E38
		感光材料		E45
		光谱		E50
		放射现象		E43
F21	改变表面性质	摩擦力		E66
		吸附作用		E83
		扩散		E62
		包辛格效应		E4

续表

功能代码	实现的功能	TRIZ 推荐的科学效应和现象		科学效应和现象序号
F21	改变表面性质	放电	电晕放电	E31
			电弧	E25
			火花放电	E53
		弹性波		E19
		共振		E47
		驻波		E99
		振动		E98
		光谱		E50
F22	检查物体容量的状态和特征	引入容易探测的标志	标记物	E6
			发光	E37
			发光体	E38
			磁性材料	E16
			永久磁铁	E95
		测量电阻值	电阻	E33
		反射和放射线	反射	E41
			折射	E97
			发光体	E38
			感光材料	E45
			光谱	E50
			放射现象	E43
			X 射线	E1
		电–磁–光现象	古登–波尔效应	E27
			固体发光	E48
			居里效应（居里点）	E60
			巴克豪森效应	E3
			霍普金森效应	E55
			共振	E47
			霍尔效应	E54
F23	改变物体空间性质	磁性液体		E17
		磁性材料		E16
		永久磁铁		E95
		冷却		E63
		加热		E56
		一级相变		E94
		二级相变		E36
		电离		E28
		光谱		E50
		放射现象		E43
		X 射线		E1
		形变		E85
		扩散		E62
		电场		E22

续表

功能代码	实现的功能	TRIZ 推荐的科学效应和现象		科学效应和现象序号
F23	改变物体空间性质	磁场		E13
		珀耳帖效应		E67
		热电现象		E71
		包辛格效应		E4
		汤姆逊效应		E80
		热电子发射		E72
		居里效应（居里点）		E60
		固体发光		E48
		古登-波尔效应		E27
		气穴现象		E69
		光生伏打效应		E51
F24	形成要求的结构，稳定物体结构	弹性波		E19
		共振		E47
		驻波		E99
		振动		E98
		磁场		E13
		一级相变		E94
		二级相变		E36
		气穴现象		E69
F25	探视电场和磁场	渗透		E77
		带电放电	电晕放电	E31
			电弧	E25
			火花放电	E53
		压电效应		E89
		磁弹性		E14
		压磁效应		E88
		驻极体		E100
		固体发光		E48
		古登-波尔效应		E27
		巴克豪森效应		E3
		霍普金森效应		E55
		霍尔效应		E54
F26	探测辐射	热膨胀		E75
		热双金属片		E76
		发光体		E38
		感光材料		E45
		光谱		E50
		放射现象		E43
		反射		E41
		光生伏打效应		E51
F27	产生辐射	放电	电晕放电	E31
			电弧	E25
			火花放电	E53

续表

功能代码	实现的功能	TRIZ 推荐的科学效应和现象	科学效应和现象序号
F27	产生辐射	发光	E37
		发光体	E38
		固体发光	E48
		古登－波尔效应	E27
		耿氏效应	E46
F28	控制电磁场	电阻	E33
		磁性材料	E16
		反射	E41
		形状	E86
		表面	E7
		表面粗糙度	E8
F29	控制光	反射	E41
		折射	E97
		吸收	E84
		发射聚焦	E39
		固体发光	E48
		古登－波尔效应	E27
		法拉第效应	E40
		克尔效应	E61
		耿氏效应	E46
F30	产生及加强化学变化	弹性波	E19
		共振	E47
		驻波	E99
		振动	E98
		气穴现象	E69
		光谱	E50
		放射现象	E43
		X 射线	E1
		放电	E42
		电晕放电	E31
		电弧	E25
		火花放电	E53
		爆炸	E5
		电液压冲压，电水压振扰	E29

附录 3 100 条科学效应简介

E1：X 射线

X 射线是波长介于紫外线和 γ 射线间的电磁辐射，由德国物理学家伦琴于 1895 年发现，故又称伦琴射线。波长小于 0.1Å（1Å=10^{-10}m）的射线称超硬 X 射线，在 0.1～1Å 范围内的射线称为硬 X 射线，1～10Å 范围内的射线称为软 X 射线。

X 射线的特征是波长非常短，频率很高，其波长为（0.06～20）×10^{-8}cm。X 射线是不带电的粒子流，因此能发生干涉、衍射现象。

X 射线具有很高的穿透本领，能透过许多对可见光不透明的物质，如墨纸、木料等。这种肉眼看不见的射线可以使很多固体材料发生可见的荧光，使照相底片感光、空气电离等。波长越短的 X 射线能量越大（硬 X 射线）；反之，波长长的 X 射线能量较低（软 X 射线）。当在真空中，高速运动的电子轰击金属靶时，靶就放出 X 射线，这就是 X 射线管的结构原理。

医学上常利用 X 射线的强穿透力做透视检查，工业中用来探伤。长期受 X 射线辐射对人体有伤害。X 射线可激发荧光、使气体电离、使感光乳胶感光，故 X 射线可用作电离计、闪烁计数器和检测感光乳胶片等。晶体的点阵结构对 X 射线可产生显著的衍射效应，X 射线衍射法已成为研究晶体结构、形貌和各种缺陷的重要手段。

E2：安培力

安培力是电流在磁场中受到的磁场的作用力，其本质是，在洛伦兹力的作用下，导体中做定向运动的电子与金属导体中晶格上的正离子不断地碰撞，把动量传给导体，因而使载流导体在磁场中受到磁力的作用。

安培力的方向由左手定则判定：伸出左手，四指指向电流方向，让磁力线穿过手心，大拇指的方向就是安培力的方向。当电流方向与磁场方向相同或相反时，电流不受磁场力作用。当电流方向与磁场方向垂直时，电流受的安培力最大。

E3：巴克豪森效应

巴克豪森效应亦称巴克豪森跳变，是指在磁化过程中畴壁发生跳跃式的不可逆位移过程，由巴克豪森首先从实验中发现这一现象。由于这种畴壁的跳跃式位移而造成试样中磁通的不连续变化，因此可以通过实验测定出来。

当铁受到逐渐增强的磁场作用时，它的磁化强度不是均匀的，而是以微小跳跃的方式增大的。发生跳跃时，有噪声伴随着出现。如果通过扩音器把它们放大，就会听到一连串的"咔嗒"声。这就是"巴克豪森效应"。后来，在人们认识到铁是由一系列小区域组成，而在每个小区域内，所有的微小原子磁体都是同向排列的之后，巴克豪森效应才最后得到说明。每个独立的小区域，都是一个很强的磁体，但由于各个磁畴的磁性彼此抵消，所以普通的铁显示不出磁性。但是当这些磁畴受到一个强磁场作用时，它们会同向排列起来，于是，铁便成为磁体。在同向排列的过程中，相邻的两个磁畴彼此振动并发生摩擦，噪声就是这样产生的。只有所谓的"铁磁物质"具有这种磁畴结构，也就是说，这些物质具有形成强磁体的能力，其中以铁表现得最为显著。如一个铁磁棒在一个线圈里，当线圈电流增加时，线圈磁场也会增大，此时铁中的磁力线会猛增，然后趋向于饱和，这种现象也称为巴克豪森效应。

E4：包辛格效应

包辛格效应是塑性力学中的一个效应，是指原先经过变形，然后在反向加载时，弹性极限或屈服强度降低的现象，特别是弹性极限在反向加载时几乎下降到零，这说明在反向加载时塑性变形立即开始了。此效应是德国的包辛格于1886年发现的，故名包辛格效应。由于在金属单晶体材料中不出现包辛格效应，所以一般认为它是由多晶体材料晶界间的残余应力引起的。包辛格效应使材料具有各向异性性质。若一个方向屈服极限提高的值和相反方向降低的值相等，则称为理想包辛格效应。有反向塑性变形的问题须考虑包辛格效应，而其他问题，为了简化常忽略这一效应。

包辛格效应在理论上和实际上都有其重要意义。在理论上由于它是金属变形时长程内应力的度量，包辛格效应可用来研究材料加工硬化的机制。在工程应用上，首先是材料加工成型工艺需要考虑包辛格效应。其次，包辛格效应大的材料，内应力较大。

E5：爆炸

爆炸是某一物质系统在发生迅速的物理变化或化学反应时，系统本身的能量借助于气体的急剧膨胀而转化为对周围介质做的机械功，同时伴随有强烈放热、发光和声响的效应。由于急剧的化学反应在被一定限制的环境内导致气体剧烈膨胀，这能使密闭环境的外壁损坏甚至破裂、粉碎，造成爆炸的效果。

爆炸可分为物理性爆炸和化学性爆炸。物理性爆炸是由物理变化而引起的，是物质因状态或压力发生突变而形成的爆炸。例如，容器内液体过热气化引起的爆炸，锅炉的爆炸，压缩气体、液化气体超压引起的爆炸等。物理性爆炸前后物质的性质及化学成分均不改变。化学性爆炸是由于物质发生极迅速的化学反应，由产生高温、高压引起的爆炸。化学爆炸前后物质的性质和成分均发生了根本的变化。

E6：标记物

在材料中引入标记物，可以简化混合物中包含成分的辨别工作，而且使有标记物的运动和过程的追踪更加容易。可当作标记物的物质类型有铁磁物质、普通的和发光的油漆、有强烈气味的物质等。

E7：表面

物体的表面：用面积和状态来描述物体的外表的性质和特性。表面状态确定了物体的大量特性及其他物体交互作用时所呈现的本性。

E8：表面粗糙度

表面粗糙度是指加工表面具有的较小间距和微小峰谷不平度。其两波峰或两波谷之间的距离（波距）很小（在 1mm 以下），用肉眼是难以区别的，因此它属于微观几何形状误差。表面粗糙度越小，则表面越光滑。表面粗糙度是衡量零件表面加工精度的一项重要指标，零件表面粗糙度的高低将影响到两配合零件接触表面的摩擦、运动面的磨损、贴合面的密封、配面的工作精度、旋转件的疲劳强度、零件的美观等，甚至对零件表面的抗腐蚀性都有影响。最常见的表面粗糙度参数是"轮廓算术平均偏差"，记作 Ra。

E9：波的干涉

频率相同的两列波叠加，使某些区域的振动加强，某些区域的振动减弱，而且振动加强的区域和振动减弱的区域相互间隔。这种现象叫做波的干涉。波的干涉所形成的图样叫做干涉图样。

产生干涉的一个必要条件是，两列波的频率必须有相同或者有固定的相位差。如果两列波的频率不同或者两个波源没有固定的相位差（相差），相互叠加时波上各个质点的振幅是随时间变化的，不存在振动总是加强或减弱的区域，因而不能产生稳定的干涉现象，不能形成干涉图样。两列波的相干条件是：频率相同、振动方向相同、相位相同或相位差恒定。满足上述三个条件的两波源称为相干波源。

波的干涉分为相长干涉和相消干涉。日常生活中最常见的是水波的干涉，而利用电磁波的干涉，可作定向发射天线；利用光的干涉，可精确地进行长度测量等。

E10：伯努利定律

丹尼尔·伯努利在 1726 年首先提出"伯努利定律"。这是在流体力学的连续介质理论方程建立之前，水力学所采用的基本原理，其实质是理想液体做稳定流动时能量守恒，即动能 + 重力势能 + 压力势能 = 常数。其最为著名的推论为：等高流动时，流速大，压力就小。当流体的速度加快时，物体与流体接触的接口上的压力会减小，反之，压力会增加。

E11：超导热开关

超导热开关是一个用于低温（接近 0K）下的装置，用于断开被冷却物体和冷源之间的连接。当工作温度远低于临界温度的时候，此装置充分发挥了超导体从常态到超导状态转化过程中热电导率显著减少的特性（高达 10 000 倍）。

E12：超导性

超导性是在温度和磁场都小于一定数值的条件下，导电材料的电阻和导体内磁感应强度都突然变为零的性质。具有超导性的物质称为超导体。许多金属（如铟、锡、铝、铅、钽、铌等）、合金（如铌锆合金、铌钛合金）和化合物（如铌锡超导材料等）都可成为超导体。从正常态过渡到超导态的温度称为该超导体的转变温度（或临界温度）。现有材料仅在很低的温度下才具有超导性。当磁场达到一定强度时，超导性将被破坏，这个磁场限值称为临界磁场。

目前发现的超导体有两类：第一类只有一个临界磁场（如电汞、纯铅等）；第二类有下临界磁场和上临界磁场。当外磁场达到下临界磁场时，第二类超导体内出现正常态和超导态的混合状态；只有磁场增大到上临界磁场时，才完全转化到正常导体。

超导体已逐步用于加感器、电机、电缆、储能器和交通运输设备等方面。

E13：磁场

对放入其中的小磁针有磁力作用的物质叫做磁场。磁场是一种看不见摸不着的特殊物质，是电流、运动电荷、磁体或变化电场周围空间存在的一种特殊形态的物质。物理学中，磁场是空间中的一种闭合螺线矢量场，环绕在移动中的电荷以及磁偶极周围。所有的物质材料或多或少对磁场有反应，可能是与磁场产生斥力，或者是受到磁场的吸引。

磁场的方向可以透过磁偶极来表示，磁场中的磁偶极会沿着场线（或力线）平行排列，其中的一个显著例子就是磁铁周围的铁屑分布。与电场不同，磁场对一带电粒子所施加的力垂直于磁场本身，也垂直于粒子的速度方向。磁场的能量密度与场强度的平方呈比例关系。在国际单位制中，磁场强度的单位是特斯拉。

由于磁体的磁性来源于电流，电流是电荷的运动，因而概括地说，磁场是由运动电荷或变化电场产生的。

磁场的基本特征是能对其中的运动电荷施加作用力，磁场对电流、对磁体的作用力或力矩皆源于此。而现代理论则说明，磁力是电场力的相对效应。

E14：磁弹性

磁弹性效应是指当弹性应力作用于铁磁性材料时，铁磁体不但会产生弹性应变，还会产生磁致伸缩性质的应变，从而引起磁畴壁的位移，改变其自发磁化的方向。

E15：磁力

磁场对放入其中的磁体、电流和运动电荷的作用力称为磁力。磁力是靠电磁场来传播的，电磁场的速度是光速，因此磁力作用的速度也是光速。电流在磁场中所受的力由安培定律确定。运动电荷在磁场中所受的力就是洛伦兹力。但实际上磁体的磁性由分子电流所引起，所以磁极所受的磁力归根结底仍是磁场对电流的作用力。这是磁力作用的本质。

E16：磁性材料

磁性材料主要是指由过渡元素铁、钴、镍及其合金等组成的能够直接或间接产生磁性的物质。

从材质和结构上讲，磁性材料分为"金属及合金磁性材料"和"铁氧体磁性材料"两大类，铁氧体磁性材料又分为多晶结构和单晶结构材料。从应用功能上讲，磁性材料分为软磁材料、永磁材料、磁记录－矩磁材料、旋磁材料等种类。软磁材料、永磁材料、磁记录－矩磁材料中既有金属材料又有铁氧体材料，而旋磁材料和高频软磁材料就只能是铁氧体材料。因为金属在高频和微波频率下将产生巨大的涡流效应，导致金属磁性材料无法使用，而铁氧体的电阻率非常高，能有效地克服这一问题而得到广泛应用。从形态上讲，磁性材料包括粉体材料、液体材料、块体材料、薄膜材料等。

磁性材料现在主要分两大类：软磁和硬磁。软磁包括硅钢片和软磁铁芯，硬磁包括铝镍钴、钐钴、铁氧体和钕铁硼。其中，最贵的是钐钴磁钢，最便宜的是铁氧体磁钢，性能最高的是钕铁硼磁钢，但是性能最稳定、温度系数最好的是铝镍钴磁钢。可以根据不同的需求选择不同的硬磁产品。

磁性材料的应用很广泛，可用于电声、电信、电表、电机中，还可作记忆元件、微波元件等。如记录语言、音乐、图像信息的磁带；计算机的磁性存储设备；乘客乘车的凭证和票价结算的磁性卡等。

E17：磁性液体

磁性液体又称磁液、磁流体、磁性流体或铁磁流体，是由强磁性粒子、基液以及界面活性剂三者混合而成的一种稳定的胶状溶液。该流体在静态时无磁性吸引力，当外加磁场作用时才表现出磁性，它既具有液体的流动性，又具有固体磁性材料的磁性，正因如此，它才在实际中有着广泛的应用，在理论上具有很高的研究价值。

磁性液体具有以下特殊性质：超顺磁性，本征矫顽力为零，没有滞磁；光通过稀释的磁性液体时，会产生光的双折射效应与双向色效应；超声波在其中传播时，其速度及衰减与外磁场有关，呈各向异性。

磁性液体在电子仪表、机械、化工、环境、医疗等方面都具有独特而广泛的应用，根据用途不同，可以选用不同基液的产品。

E18：单相系统分离

单相系统的分离是建立在混合物中各成分的物理-化学特性不同的基础上，例如尺寸、电荷、分子活性、挥发性等。分离可通过热场作用（蒸馏、精馏、升华、结晶、区域熔化）来获得，也可通过电场作用（电渗、电泳）来获得，或通过与物质一起的多相系统的生成来促进分离，比如溶剂、吸附剂和其他的分离法（抽出、分割、色谱法、使用半透膜和分子筛的分离法）。

E19：弹性波

弹性介质中物质粒子间有弹性相互作用，当某处物质粒子离开平衡位置，即发生应变时，该粒子在弹性力的作用下发生振动，同时又引起周围粒子的应变和振动，这样形成的振动在弹性介质中的传播过程称为"弹性波"。在液体和气体内部只能由压缩或膨胀引起应力，所以液体和气体只能传递横波。而固体内部能产生切应力，所以固体既能传播横波也能传播纵波。

E20：弹性形变

若当外力撤销后，物体能恢复原状，则这样的形变叫做弹性形变，如弹簧的形变等。当外力撤去后，物体不能恢复原状，则称这样的形变称为塑性形变。因物体受力情况不同，在弹性限度内，弹性形变有4种基本类型：拉伸、压缩形变，切变，弯曲形变和扭转形变。可从原子间结合力的角度来了解弹性形变的物理本质。

E21：低摩阻

研究者发现，在高度真空状态及暴露在高能量粒子发射下，摩擦力会下降趋近于零。

这种摩擦力趋近于零的性质称为低摩阻。当关掉发射时，摩擦力会逐渐地增加。当发射再一次被打开的时候，摩擦力又消失了。这个现象一直困扰着科学家们，直至找到了一种解释才结束。

这个解释是：放射能量引起了固体表面的分子更自由地运动，从而减少了摩擦力。此解释引起了另一个既不需要放发射也不需要真空而减少摩擦力的方案，这就是研究如何改变物体表面的成分以减少摩擦力。

E22：电场

电场是存在于电荷周围能传递电荷与电荷之间相互作用的物理场。在电荷周围总有电场存在，同时电场对场中其他电荷发生力的作用。静止电荷在其周围空间产生的电场，称为静电场；随时间变化的磁场在其周围空间激发的电场称为有旋电场（也称感应电场或涡旋电场）。静电场是有源无旋场，电荷是场源；有旋电场是无源有旋场。普遍意义的电场则是静电场和有旋电场两者之和。变化的磁场引起电场，所以运动电荷或电流之间的作用要通过电磁场来传递。电场是电荷及变化磁场周围空间里存在的一种特殊物质。电场这种物质与通常的实物不同，它不是由分子、原子所组成，但它是客观存在的。电场具有通常物质所具有的动力和能量等客观属性。电场力的性质表现为电场对放入其中的电荷有作用力，这种力称为电场力。电场的能的性质表现为：当电荷在电场中移动时，电场力对电荷做功（这说明电场具有能量）。

电场是一个矢量场，其方向为正电荷的受力方向。电场的力的性质用电场强度来描述。

E23：电磁场

电磁场是有内在联系、相互依存的电场和磁场的统一体和总称。随时间变化的电场产生磁场，随时间变化的磁场产生电场，两者互为因果，形成电磁场。可以说电与磁是一体两面，变动的电会产生磁，变动的磁则会产生电，变化的电场和变化的磁场构成了一个不可分离的统一的场，这就是电磁场。电磁场可由变速运动的带电粒子引起，也可由强弱变化的电流引起，不论原因如何，电磁场总是以光速向四周传播，形成电磁波。电磁场是电磁作用的媒递物，具有能量和动量，是物质存在的一种形式。电磁场的性质、特征及其运动变化规律由麦克斯韦方程组确定。

E24：电磁感应

电磁感应是指因磁通量变化产生感应电动势的现象。闭合电路的一部分导体在磁场中做切割磁感线的运动时，导体中就会产生电流，这种现象叫电磁感应现象。产生的电流称为感应电流。

1820 年奥斯特发现电流磁效应后，许多物理学家便试图寻找它的逆效应，提出了磁能否产生电，磁能否对电产生作用的问题，1822 年阿喇戈和洪堡在测量地磁强度时，偶然发现金属对附近磁针的振荡有阻尼作用。1824 年，阿喇戈根据这个现象做了铜盘实验，发现转动的铜盘会带动上方自由悬挂的磁针旋转，但磁针的旋转与铜盘不同步，稍滞后。电磁阻尼和电磁驱动是最早发现的电磁感应现象，但由于没有直接表现为感应电流，因而当时未能予以说明。

1831 年 8 月，法拉第在软铁环两侧分别绕两个线圈，其一为闭合回路，在导线下端附近平行放置一枚小磁针，另一个线圈与电池组相连，接开关，形成有电源的闭合回路。实验发现，合上开关，磁针偏转；切断开关，磁针反向偏转，这表明在无电池组的线圈中出现了感应电流。法拉第立即意识到，这是一种非恒定的暂态效应。紧接着他做了几十个实验，把产生感应电流的情形概括为 5 类：变化的电流，变化的磁场，运动的恒定电流，运动的磁铁，在磁场中运动的导体，并把这些现象正式定名为电磁感应。进而，法拉第发现，在相同条件下不同金属导体回路中产生的感应电流与导体的导电能力成正比，他由此认识到，感应电流是由与导体性质无关的感应电动势产生的，即使没有回路、没有感应电流，感应电动势依然存在。

后来，法拉第给出了确定感应电流方向的楞次定律以及描述电磁感应定量规律的法拉第电磁感应定律。并按产生原因的不同，把感应电动势分为动生电动势和感生电动势两种，前者起源于洛伦兹力，后者起源于变化磁场产生的有旋电场。

电磁感应现象的发现，是电磁学领域中最伟大的成就之一。它不仅揭示了电与磁之间的内在联系，而且为电与磁之间的相互转化奠定了实验基础，为人类获取巨大而廉价的电能开辟了道路，具有重大的实用意义。

E25：电弧

由焊接电源供给的，在两极间产生强烈而持久的气体放电现象叫电弧。电弧是高温高电率导的游离气体，它不仅对触头有很大的破坏作用，而且使断开电路的时间延长。

E26：电介质

电工中一般认为电阻率超过 $0.1\Omega \cdot m$ 的物质便归于电介质。电介质的带电粒子是被原子、分子的内力或分子间的力紧密束缚着的，因此，这些粒子的电荷为束缚电荷。在外电场作用下，这些电荷也只能在微观范围内移动，产生极化。在静电场中，电介质内部可以存在电场，这是电介质与导体的基本区别。电介质包括气态、液态和固态等范围广泛的物质。固态电介质包括晶态电介质和非晶态电介质两大类，后者包括玻璃、树脂和高分子聚合物等，是良好的绝缘材料。凡在外电场作用下产生宏观上不等于零的电偶极矩，因而形成宏观束缚电荷的现象称为电极化，能产生电极化现象的物质统称为电介质。电介质的电阻率一般都很高，被称为绝缘体。有些电介质的电阻率并不很高，不能称为绝缘体，但由于能发生极化过程，也归入电介质。通常情形下电介质中的正、负电荷互相抵消，宏观上不表现出电性。

E27：古登－波尔效应

实验证实，一个恒定或交流的强电场，会影响在紫外线激发下的发光物质（磷光体）的特性，这一种现象也可在随着紫外线移开后的一段衰减期中观察到。用电场激发晶体磷而生成闪光正是古登－波尔效应的结果，也可在使用电场从金属电极进行磷光体的分解中观察到这种现象。

E28：电离

原子是由带正电的原子核及其周围带负电的电子所组成的。由于原子核的正电荷数与电子的负电荷数相等，所以原子对外呈中性。原子最外层的电子称为价电子。所谓电离，就是原子受到外界的作用，如加速的电子或离子与原子碰撞时，使原子中的外层电子，特别是价电子，摆脱原子核的束缚而脱离，原子成为带一个或几个正电荷的离子，这就是正离子。如果在碰撞中原子得到了电子，就成为负离子。

E29：电液压冲压，电水压振扰

高压放电下液体的压力产生急剧升高的现象。

E30：电泳现象

处于物质表面的那些原子、分子或离子跟处于物质内部的原子、分子或离子不一样。处于物质表面的原子、分子或离子只受到旁侧和底下其他粒子的吸引，因此物质表面的粒子有剩余的吸附力，使物质的表面产生了吸附作用。当物质被细分到胶粒大小时，暴露在周围介质中的表面积与体积比变得十分巨大。所以，在胶体分散系中，胶粒往往能从介质中吸附离子，使分散的胶粒带上电荷。

不同的胶粒其表面的组成情况不同。它们有的能吸附正电荷，有的能吸附负电荷，因此有的胶粒带正电荷，如氢氧化铝胶体；有的胶粒带负电荷，如三硫化二砷胶体等。如果在胶体中通以直流电，它们或者向阳极迁移，或者向阴极迁移，这就是所谓的电泳现象。

影响电泳迁移的因素：

① 电场强度，是指单位长度的电位降，也称电势梯度；
② 溶液的 pH 值，它决定被分离物质的解离程度和质点的带电性质及所带净电荷量；
③ 溶液的离子强度，电泳液中的离子增加时会引起质点迁移率的降低；
④ 电渗，在电场作用下液体对于固体支持物的相对移动称为电渗。

E31：电晕放电

电晕放电是气体介质在不均匀电场中的局部自持放电，是最常见的一种气体放电形式。在曲率半径很小的尖端电极附近，由于局部电场强度超过气体的电离场强，这使气体发生电离和激励，因而出现电晕放电。发生电晕放电时在电极周围可以看到光亮，并伴有咝咝声。电晕放电可以是相对稳定的放电形式，也可以是不均匀电场间隙击穿过程中的早期发展阶段。

电晕放电在工程技术领域中有多种影响。电力系统中的高压及超高压输电线路导线上发生电晕，会引起电晕功率损失、无线电干扰、电视干扰以及噪声干扰。进行线路设计时，应选择足够截面面积的导线，或采用分裂导线降低导线表面电场的方式，以避免发生电晕。对于高电压电气设备，发生电晕放电会逐渐破坏设备绝缘性能。电晕放电的空间电荷在一定条件下又有提高间隙击穿强度的作用。当线路出现雷电或操作过电压时，因电晕损失而能削弱过电压幅值。利用电晕放电可以进行静电除尘、污水处理、空气净化等。地面上的树木等尖端物体在大地电场作用下的电晕放电，是参与大气静电平衡的重要环节。海洋表面溅射水滴上出现的电晕放电可促进海洋中有机物的生成，还可能是地球远古大气中有生物前合成氨基酸的有效放电形式之一。针对不同应用目的研究电晕放电，电晕放电是具有重要意义的技术课题。

E32：电子力

按照电场强度的定义，电场中任一点的场强大小等于单位正电荷在该点所受的电场力的大小。电场力的方向取决于电荷的正、负。不难判断，正电荷所受的电场力，其方向与场强方向一致；负电荷所受的电场力，其方向与场强方向相反。

磁场对运动电荷的作用力、运动电荷在磁场中所受的洛伦兹力都属于电子力。

E33：电阻

物理学中，用电阻来表示导体对电流阻碍作用的大小。导体的电阻越大，表示导体对电流的阻碍作用越大。不同的导体，电阻一般不同，电阻是导体本身的一种性质，取决于导体的长度、横截面面积、材料和温度，即使它两端没有电压，没有电流通过，它的阻值也是一个定值（这个定值在一般情况下可以看作是不变的，因为对于光敏电阻和热敏电阻来说，电阻值是不定的）。电阻的单位为欧姆（Ω），简称欧。1Ω 定义为：当导体两端电势差为1V，通过的电流是1A时，它的电阻为 1Ω。

电阻率是用来表示各种物质电阻特性的物理量。某种材料制成的长1m、横截面面积是 $1mm^2$ 的导线在常温下（20℃时）的电阻，叫做这种材料的电阻率。国际单位制中，电阻率的单位是欧姆·米（$\Omega \cdot m$），常用单位是欧姆·平方毫米/米。电阻率不仅和导体的材料有关，还和导体的温度有关。在温度变化不大的范围内，几乎所有金属的电阻率随温度做线性变化。

由于电阻率随温度改变而改变，所以对于某些电器的电阻，必须说明它们所处的物理状态。电阻率和电阻是两个不同的概念。电阻率是反映物质对电流阻碍作用的属性，电阻是反映物体对电流的阻碍作用。

E34：对流

对流是液相或气相中各部分的相对运动，是流体（气体或液体）通过自身各部分的宏观流动实现热量传递的过程。对流是流体的主要传热方式，可分为自然对流和强迫对流。因为浓差或温差引起密度变化而产生的对流，称自然对流；由于外力推动（如搅拌）而产生的对流，称强制对流。对于电解液来说，溶质将随液相的对流而移动，是电化学中物质传递过程的一种类型。冬天室内取暖就是借助于室内空气的自然对流来传热的，大气及海洋中也存在自然对流。靠外来作用使流体循环流动，从而传热的是强迫对流。

E35：多相系统分离

多相系统分离是以混合成分的聚合状态的不同为基础的，最常使用连续相的聚合状态进行判定。成分间具有不同分散度的多相固态系统通过沉积作用或筛分分离法来进行分解，具有连续液体或气体相位的系统通过沉积作用、过滤或离心分离机来进行分离。通过烘干将固态相中的易沸液体排除。

E36：二级相变

在发生相变时，体积不变化的情况下，也不伴随热量的吸收和释放，只是比热容、热膨胀系数和等温压缩系数等的物理量发生变化，这一类变化称为二级相变。如正常液态氦

（氦Ⅰ）与超流氦（氦Ⅱ）之间的转变，正常导体与超导体之间的转变，顺磁体与铁磁体之间的转变，合金的有序态与无序态之间的转变等，都是典型的二级相变的例子。

二级相变大多是发生在极低温度时的相变。例如，在居里点铁磁体转变为顺磁体；在零磁场下超导体转变为正常导体；液态氦Ⅱ与液态氦Ⅰ之间的λ相变等。二级相变的特点是，两相的化学势和化学势的一级偏微商相等，但化学势的二级偏微商不相等。因此在相变时没有体积变化和潜热（即相变热）。在相变点，两相的体积、焓和熵的变化是连续的，故这种相变也称为连续相变。

E37：发光

自发光　是一种"冷光"，可以在正常温度和低温下发出这种光。在自发光中，一些能量促使原子中的电子从"基态"（低能量状态）跃进到"激发态"。在这种状态下，它会回复到"基态"并以光这种能量形式释放出来。

光学促进的自发光　指的是可见光或红外光促发的磷光。在这其中，可见光或红外光仅是先前储备能量释放的促发剂。

白热光　是指光从热能中来。当一个物体加热到足够高的温度时，它就开始发出光辉。如炼炉中的金属或灯泡中发出的光、太阳和星星发出的光都是这种光。

荧光和光致发光　当处于"基态"的分子吸收紫外线或可见光后，分子获得了能量，其价电子就会发生能级跃迁，从基态跃迁到激发单重态的各个不同振动能级，并很快以振动弛豫的方式放出小部分能量，达到同一电子激发态的最低振动能级，然后以辐射形式发射光子跃迁到基态的任一振动能级上，这时发射的光子称为荧光。它们的能量是由电磁辐射提供的（如射线光）。一般光致发光是指任何由电磁辐射引起的发光；而荧光通常是指由紫外线引起的，有时也用于其他类型的光致发光。

磷光　如果受激发分子的电子在激发态发生自旋反转，当它所处单重态的较低振动能级与激发三重态的较高能级重叠时，就会发生系间窜跃，到达激发三重态，经过振动弛豫达到最低振动能级，然后以辐射形式发射光子，跃迁到基态的任一振动能级上，这时发射的光子称为磷光。

磷光是一种缓慢发光的光致冷发光现象。当某种常温物质经某种波长的入射光（通常是紫外线或X射线）照射，吸收光能后进入激发态（通常具有和基态不同的自旋多重度），然后缓慢地退激发并发出比入射光的波长长的出射光（通常波长在可见光波段内），而且当入射光停止后，发光现象持续存在。发出磷光的退激发过程是被量子力学的跃迁选择规则禁戒的，因此这个过程很缓慢。所谓的"在黑暗中发光"的材料通常都是磷光性材料，如夜明珠。

化学发光　是物质在进行化学反应过程中伴随的一种光辐射现象，可以分为直接发光和间接发光。直接发光是最简单的化学发光反应，由两个关键步骤组成，即激发和辐射。如A、B两种物质发生化学反应生成C物质，反应释放的能量被C物质的分子吸收并跃迁至激发态C*，处于激发的C*在回到基态的过程中产生光辐射。这里C*是发光体，此过程中由于C直接参与反应，故称直接化学发光。

间接发光又称能量转移化学发光，它主要由三个步骤组成：首先反应物A和B反应生成激发态中间体C*（能量给予体）；当C*分解时释放出能量转移给F（能量接受体），使F

被激发而跃迁至激发态 F*；当 F* 跃迁回基态时，产生光辐射。

一个化学反应要产生化学发光现象，必须满足以下条件：第一是该反应必须提供足够的激发能，并由某一步骤单独提供，因为前一步反应释放的能量将因振动弛豫消失在溶液中而不能发光；第二是要有有利的反应过程，使化学反应的能量至少能被一种物质所接受并生成激发态；第三是激发态分子必须具有一定的化学发光量子效率释放出光子，或者能够转移它的能量给另一个分子使之进入激发态并释放出光子。

化学发光反应的发光类型通常分为闪光型和辉光型两种。闪光型发光时间很短，只有零点几秒到几秒。辉光型又称持续型，发光时间从几分钟到几十分钟，或几小时至更久。闪光型的样品必须立即测量，必须配以全自动化的加样及测量仪器。辉光型样品的测量可以使用通用型仪器，也可以配以全自动化仪器。

阴极发光 电子束激发发光材料引起的发光。电子束的电子能量通常在几千至几万电子伏特，入射到发光材料中产生大量次级电子，离化和激发发光中心而产生光辐射。主要用于雷达、电视、示波器和飞点扫描等方面。

辐射发光 α、β、γ 及 X 射线激发物体引起的发光。α 射线是带正电（氦核）的粒子流，而 β 射线是电子流，虽然它们都是带电粒子，不过它们比一般带电粒子，例如阴极射线，能量大得多。γ 射线和 X 射线是电磁辐射，都是光子流，不过比可见光、紫外线的光子能量大得多。因此，相对地说，辐射发光又可称为高能粒子发光。物体的辐射发光谱与其他方式激发的发光谱基本相同，但从激发过程来看，它们之间有很大的差别。

摩擦发光 指某些固体受机械研磨、振动或应力时产生的发光现象。例如，蔗糖、酒石酸等晶体受挤压时发出闪光；合成的磷光体用指甲划痕，可观察到很强的发光等。摩擦发光还包括物体在高频声波作用下产生的发光现象，称为声致发光。例如，液体受超声波作用产生类似旋涡中的空腔，使连续性的液体断裂，因此，也可看成是物体因断裂引起的一种摩擦发光。

电致发光 又称电场发光，是通过加在两电极的电压产生电场，被电场激发的电子撞击发光中心，而引致电子解级的跃进、变化、复合导致发光的一种物理现象。电致发光物料的例子包括掺杂了铜和银的硫化锌和蓝色钻石。目前电致发光的研究方向主要为有机材料的应用。电致发光板是以电致发光为原理工作的。电致发光板是一种发光器件，简称 EL 灯、EL 片或 EL 灯光片，它由背面电极层、绝缘层、发光层、透明电极层和表面保护膜组成，利用发光材料在电场作用下产生光的特性，将电能转换为光能。

声致发光 20 世纪 30 年代，德国科学家发现，当声波穿过液体的时候，如果声音足够强，而且频率也合适，那么会产生一种"声空化"现象——在液体中会产生细小的气泡。气泡随即坍塌到一个非常小的体积，内部的温度超过 1×10℃，在这一过程中会发出瞬间的闪光。这种现象被称为"声致发光"。科学家认为，如果产生的气泡越大，那么它坍塌后的温度就越高，甚至可能高达 1000 万度，这个温度足以引发核聚变反应。

声致发光的物理机制可归纳为两大类，即电学机制与热学机制。电学机制的理论模型认为，在声空化过程中产生的电荷在一定条件下通过微放电而发光。热学机制主要包括黑体辐射模型及化学发光模型。

热发光 处于次稳定状态固定的能量，随着温度的上升而活化变成电子的激发能，进而再以光子的形式释放，称此物理现象为热发光。植物的叶或叶绿体在低温下用光照射后，当温度上升时便可观察到热发光。其光谱与叶绿素 a 的荧光光谱类似。

生物发光 是指生物体发出的光辐射，是生物体释放能量的一种形式，这种发光现象广泛地分散在生物界中。它不依赖于有机体对光的吸收，而是一种特殊类型的化学发光，也是氧化发光的一种。生物发光的一般机制是：由细胞合成的化学物质，在一种特殊酶的作用下，使化学能转化为光能。自然界具有发光能力的有机体种类繁多，一些细菌和高等真菌有发光现象。动物的发光，除其自身发光即一次的发光以外，由寄生或共生而产生二次发光的例子也不少。不同生物体的发光颜色也不尽相同，多数发射蓝光或绿光，少数发射黄光或红光。

E38：发光体

发光体在物理学上指能发出一定波长范围的电磁波（包括可见光与紫外线，红外线和 X 光线等不可见光）的物体。通常指能发出可见光的发光体，凡物体自身能发光者，称为光源，又称发光体，如太阳、灯以及燃烧着的物质等。但像月亮表面、桌面等依靠反射外来光才能使人们看到它们，这样的反射物体不能称为光源。在我们的日常生活中离不开可见光的光源，可见光以及不可见光的光源还被广泛地应用到工农业、医学和国防现代化等方面。

光源可分为 3 种。第 1 种是热效应产生的光，例如太阳光、蜡烛光等，此类光随着温度的变化会改变颜色。第 2 种是原子发光，荧光灯灯管内壁涂抹的荧光物质被电磁波能量激发而产生光，此外霓虹灯的原理也是一样。原子发光具有独自的基本色彩，所以彩色拍摄时需要进行相应的补正。第 3 种是 synchrotron 发光（辐射光源），这种发光过程同时携带有强大的能量，原子炉发的光就是这种，但是日常生活中几乎没有接触到这种光的机会。

E39：发射聚焦

控制一束光或粒子流使其尽可能会聚于一点的过程称为聚焦。例如凸透镜能使平行光线聚焦于透镜的焦点；在电子显微镜中利用磁场和电场可使电子流聚焦；雷达利用凹面镜使甚高频聚焦。聚焦是成像的必要条件。聚焦方式分为发射聚焦和接收聚焦。其中，发射聚焦是接收源阵列利用目标处的探测源信息做物理时反，将信号聚焦在目标处。

E40：法拉第效应

法拉第效应于 1845 年由法拉第发现。当线偏振光在介质中传播时，若在平行于光的传播方向上加一强磁场，则光振动方向将发生偏转，偏转角度与磁感应强度和光穿越介质的长度的乘积成正比，偏转方向取决于介质性质和磁场方向。上述现象称为法拉第效应或磁致旋光效应。

法拉第效应可用于混合碳水化合物成分分析和分子结构研究。近年来，这一效应被利用在激光技术中制作光隔离器和红外调制器。

该效应可用来分析碳氢化合物，因每种碳氢化合物有各自的磁致旋光特性。在光谱研究中，可借以得到关于激发能级的有关知识。在激光技术中可用来隔离反射光，也可作为调制光波的手段。

E41：反射

反射是一种物理现象，是指波从一种介质进入另一种介质时，在界面传播方向突然改变而回到其来源介质的现象。波被反射时会遵从反射定律，即反射角等于其入射角。

光的反射：光遇到物体或遇到不同介质的交界面（如从空气射入水面）时，光的一部分或全部被表面反射回去，这种现象称为光的反射。由于反射面的平坦程度不同，有镜面反射和漫反射之分。人们能看到物体，正是由于物体能把光"反射"到人的眼睛里，没有光照明物体，人也就无法看到它。

光的反射定律：在反射现象中，反射光线、入射光线和法线都在同一个平面内；反射光线，入射光线分居法线两侧；反射角等于入射角。可归纳为"三线共面，两线分居，两角相等"。在同一条件下，如果光沿着原来的反射线的逆方向射到界面上，反射线一定沿原来的入射线的反方向射出，这就是"光的可逆性"。

E42：放电

放电就是使带电的物体不带电。放电并不是消灭了电荷，而是引起了电荷的转移，正负电荷抵消，使物体不显电性。

放电的方法主要有接地放电、尖端放电、火花放电、中和放电等。

E43：放射现象

1896 年，法国物理学家贝克勒耳发现铀和含铀的矿物能发出某种看不见的射线，这种射线可以穿透黑纸使照相底片感光。在贝克勒耳的建议下，居里夫妇对铀和含铀的各种矿石进行了深入研究，并发现了两种放射性更强的新元素，即钋和镭。其中，"钋"是居里夫人为了纪念她的祖国波兰而命名的。由于发现放射性现象和对放射现象的研究，1903 年贝克勒耳和居里夫妇一起获得诺贝尔物理学奖。

物质发射这种射线的性质，叫做放射性。具有放射性的元素，叫做放射性元素。许多元素都有放射性，原子序数大于 83 的所有天然存在的元素都具有放射性。这种能自发地放出射线的现象叫做天然放射现象。

α 射线是由氦核构成，速度可达光速的 1/10，穿透能力很弱，电离作用很强；β 射线是高速电子流，速度可达 0.9 倍光速，穿透能力较强，电离作用较弱；γ 射线是波长极短的电磁波，穿透能力很强，电离作用很弱。

E44：浮力

浮力指的是漂浮于流体表面或浸没于流体之中的物体，受到各方向流体静压力产生的向上合力，其大小等于被物体排开流体的重力。在液体内，不同深度处的压强不同。物体上、下面浸没在液体中的深度不同，物体下部受到液体向上的压强较大，压力也较大，可以证明，浮力等于物体所受液体向上、向下的压力之差。

浸在液体里的物体受到向上的浮力作用，浮力的大小等于被该物体排开的液体的重力。这就是著名的"阿基米德定律"。

E45：感光材料

感光材料是指一种具有光射特性的半导体材料，因此又称之为光导材料或是光敏半导体。它的特点就是在无光的状态下呈绝缘性，在有光的状态下呈导电性。复印机的工作原理正是利用了这种特性。目前，复印机上常用的感光材料有有机感光鼓（OPC）、无定形硅感光鼓、硫化镉感光鼓和硒感光鼓。在复印机中，感光材料被涂敷于底基之上，制成进行复印所需要使用的印板（印鼓），所以也把印板称之为感光板（感光鼓），感光板是复印机的基础核心部件。复印机上普遍应用的感光材料有硒、氧化锌、硫化镉、有机光导体等，这些都是较理想的光电导材料。

E46：耿氏效应

当电压高到某一值时，半导体电流便以很高频率振荡，该效应称为耿氏效应，是1963年由耿氏（Gunn）发现的一种效应。当高于临界值的恒定直流电压加到一小块N型砷化镓相对面的接触电极上时，便产生微波振荡。在N型砷化镓薄片的两端制作良好的欧姆接触电极，并加上直流电压使产生的电场超过3kV/cm时，由于砷化镓的特殊性质，就会产生电流振荡，其频率可达10^9Hz，这就是耿氏二极管。这种在半导体本体内产生高频电流的现象称为耿氏效应。

耿氏效应的原理如下：砷化镓的能带结构中，导带有两个能谷，两能谷的能隙为0.36eV。把砷化镓材料置于外电场中时，外电场的作用使体内电子在能谷之间跃迁，导致其电导率随电场的增加时而增加，时而减小，从而形成了体内的高频振荡现象。

E47：共振

系统受外界激励，做强迫振动时，若外界激励的频率接近于系统频率时，强迫振动的振幅可能达到非常大的值，这种现象叫共振。自然界中许多地方有共振的现象，人类也在其技术中利用或者试图避免共振现象。共振的例子有乐器的音响共振、动物耳中基底膜的共振、电路的共振等。

固有频率：它是系统本身所具有的一种振动性质。当系统做固有振动时，它的振动频率就是"固有频率"。一个力学体系的固有频率由系统的质量分布、内部的弹性以及其他的力学性质决定。

很多情况下要利用共振现象，例如，收音机的调谐就是利用共振来接收某一频率的电台广播，又如弦乐器的琴身和琴筒，就是用来增强声音的共鸣器。但在不少情况下要防止共振的发生，例如，机器在运转中可能会因共振而降低精密度。20世纪中叶，法国里昂市附近一座长102m的桥，因一队士兵在桥上齐步走的步伐频率与桥的固有频率相近，引起桥梁共振，振幅超过桥身的安全限度而造成桥塌人亡事故。

E48：固体发光

固体发光是电磁波、带电粒子、电能、机械能及化学能等作用到固体上而被转化为光能的现象。外界能量可来源于电磁波（可见光、紫外线、X射线和γ射线等）或带电粒子束，也可来自电场、机械作用或化学反应。当外界激发源的作用停止后，固体发光仍能维持一段时间，称为余辉。历史上曾根据发光持续时间的长短把固体发光区分为荧光和磷光两种，发光持续时间小于 10^{-8}s 的称荧光，大于 10^{-8}s 的称磷光，相应的发光体分别称为荧光体和磷光体。

根据激发方式的不同，固体发光主要分为以下几种。

光致发光 发光材料在可见光、紫外线或 X 射线照射下产生的发光。发光波长比所吸收的光波波长要长。这种发光材料常用来使看不见的紫外线或 X 射线转变为可见光。例如，日光灯管内壁的荧光物质把紫外线转换为可见光，对 X 射线或 γ 射线也常借助于荧光物质进行探测。另一种具有电子陷阱（由杂质或缺陷形成的类似亚稳态的能级，位于禁带上方）的发光材料在被激发后，只有在受热或红外线照射下才能发光，可利用来制造红外探测仪。

场致发光 又称电致发光，是利用直流或交流电场能量来激发发光。场致发光实际上包括几种不同类型的电子过程，一种是物质中的电子从外电场吸收能量，与晶格相碰时使晶格电离化，产生电子-空穴对，复合时产生辐射。也可以是外电场使发光中心激发，回到基态时发光，这种发光称为本征场致发光。还有一种类型是在半导体的 PN 结上加正向电压，P 区中的空穴和 N 区中的电子分别向对方区域迁移后成为少数载流子，复合时产生光辐射，称为载流子注入发光，亦称结型场致发光。用电磁辐射调制场致发光，称为光控场致发光。把 ZnS、Mn、Cl 等发光材料制成薄膜，加直流或交流电场，再用紫外线或 X 射线照射时可产生显著的光放大。利用场致发光现象可提供特殊照明、制造发光管、用来实现光放大和储存影像等。

阴极射线致发光 以电子束使磷光物质激发发光，普遍用于示波管和显像管，前者用来显示交流电的波形，后者用来显示影像。

E49：惯性力

惯性力是指当物体加速时，惯性会使物体有保持原有运动状态的倾向，若是以该物体为坐标原点，看起来就仿佛有一股方向相反的力作用在该物体上，因此，称之为惯性力。因为惯性力实际上并不存在，实际存在的只有原本将该物体加速的力，因此，惯性力又称为假想力。当系统存在一加速度 a 时，则惯性力的大小遵从公式：$F = -ma$（m 为物体质量）。

牛顿定律只适用于惯性系，在非惯性系中，应用牛顿定律要引入惯性力，在处于非惯性系中的物体上人为地加上一个与该非惯性系数值相等、方向相反的加速度，因为这个"加速度"是由于惯性引起的，所以将引起这个"加速度"的力称为惯性力。这只是为了能在非惯性系里面运用牛顿运动定律研究问题，事实上惯性是物体本身的性质，而不是力。例如，当公共汽车刹车时，车上的人因为惯性而向前倾，在车上的人看来仿佛有一股力量将他们向前推，即为惯性力。然而只有作用在公交车的刹车以及轮胎上的摩擦力使车减速，实际上并不存在将乘客往前推的力，这只是惯性在不同参照系下的现象。

E50：光谱

光谱是复色光经过色散系统（如棱镜、光栅）分光后，被色散开的单色光按波长（或频率）大小而依次排列的图案，全称为光学频谱。例如，太阳光经过三棱镜后形成按红、橙、黄、绿、蓝、靛、紫次序连续分布的彩色光谱。红色到紫色，相应于波长 7700～3900Å 的区域，是能被人眼感觉的可见部分。红端之外为波长更长的红外光，紫端之外则为波长更短的紫外光，都不能为肉眼所觉察，但能用仪器记录。光谱中最大的一部分可见光谱是电磁波谱中人眼可见的一部分，在这个波长范围内的电磁辐射被称作可见光。按波长区域不同，光谱可分为红外光谱、可见光谱和紫外光谱；按产生的本质不同，可分为原子光谱、分子光谱；按产生的方式不同，可分为发射光谱、吸收光谱和散射光谱；按光谱表观形态不同，可分为线光谱、带光谱和连续光谱。光谱的研究已成为一门专门的学科，即光谱学。

E51：光生伏打效应

光生伏打效应是指物体由于吸收光子而产生电动势的现象，即当物体受光照时，物体内的电荷分布状态发生变化而产生电动势和电流的一种效应。严格来讲，包括两种类型：一类是发生在均匀半导体材料内部；一类是发生在半导体的界面。虽然它们之间有一定相似的地方，但产生这两个效应的具体机制是不相同的。通常称前一类为丹倍效应，而光生伏打效应的含义只局限于后一类情形。

当两种不同材料所形成的结受到光辐射时，结上产生电动势。它的过程先是材料吸收光子的能量，产生数量相等的正、负电荷，随后这些电荷分别迁移到结的两侧，形成偶电层。光生伏打效应虽然不是瞬时产生的，但其响应时间是相当短的。

1839 年，法国物理学家贝克勒尔意外地发现，用两片金属浸入溶液构成的伏打电池，受到阳光照射时会产生额外的伏打电势，他把这种现象称为光生伏打效应。1883 年，有人在半导体硒和金属接触处发现了固体光伏效应。后来就把能够产生光生伏打效应的器件称为光伏器件。

当太阳光或其他光照射半导体的 PN 结时，就会产生光生伏打效应。光生伏打效应使得 PN 结两边出现电压，叫做光生电压。使 PN 结短路，就会产生电流。

光生伏打效应的应用之一是把太阳能直接转换成电能，称为太阳电池。目前，用硅单晶材料制造的太阳电池，已经广泛地应用于很多技术领域，特别是航天技术。但是单晶硅太阳电池造价比较高。此外，利用光生伏打效应制成的光电探测器件也得到广泛的应用。当前，光生伏打效应主要是应用在半导体的 PN 结上，把辐射能转换成电能。大量研究集中在太阳能的转换效率上，理论预期的效率为 24%。

E52：混合物分离

混合物分离是指把混合物中的几种成分分开，得到几种纯净物，其原则和方法与混合物的提纯（即除杂质）基本相似，不同之处是除杂质只需把杂质除去恢复所需物质原来的状态即可，而混合物分离则要求被分离的每种纯净物都要恢复原来状态。

混合物分离的常用方法有蒸发、过滤、结晶、重结晶、分步结晶、蒸馏、分馏、萃取、分液、渗析、升华，根据氧化还原原理进行分步沉淀等。分离混合物，往往不只是使用单独一种方法，而是几种方法交替使用。例如，粗盐的提纯就用到过滤、蒸发、结晶三种方法，这些都是物理方法，也就是说在过滤、蒸发、结晶的过程中都没有新物质生成，没有发生化学变化。有些混合物的分离则需用化学方法。

E53：火花放电

火花放电是当高压电源的功率不太大时，高电压电极间的气体被击穿，出现闪光和爆裂声的气体放电现象。在通常气压下，当在曲率半径不太大的冷电极间加高电压时，若电源供给的功率不太大，就会出现火花放电。火花放电时，碰撞电离并不发生在电极间的整个区域内，只是沿着狭窄曲折的发光通道进行，并伴随爆裂声。由于气体被击穿后突然由绝缘体变为良导体，电流猛增，而电源功率不够，因此电压下降，放电暂时熄灭，待电压恢复再次放电。所以火花放电具有间隙性。雷电就是自然界中大规模的火花放电。火花放电可用于金属加工，钻细孔，还可用于胶接表面的处理，以提高胶接强度，多用于难粘塑料和金属等材料表面的处理。火花间隙可用来保护电气设备，使之在受雷击时不会被破坏。

E54：霍尔效应

霍尔效应是电磁效应的一种，这一现象是美国物理学家霍尔于 1879 年在研究金属的导电机构时发现的。当电流垂直于外磁场通过导体时，在导体的垂直于磁场和电流方向的两个端面之间会出现电势差，这一现象便是霍尔效应。这个电势差也被称为霍耳电势差。

下面列举霍尔效应的一些应用。

① 根据霍尔电压的极性可判定半导体的载流子的类型，即是 N 型半导体还是 P 型半导体。

② 半导体内载流子的浓度受温度、杂质及其他影响较大。根据实验测得的霍尔系数 k 可计算出载流子的浓度。这为研究和测试半导体提供了有效的方法。

③ 利用半导体材料制成的霍尔元件可测量强电流和功率。此外，还可以把直流和交流信号放大以及对它们进行调制。

E55：霍普金森效应

霍普金森效应由霍普金森于 1889 年发现。霍普金森效应可在铁和镍的单品、多品样本中观察到，也可在很多铁磁合金中观察到，由以下三点组成：

① 将铁磁物质放入弱磁场，导磁性会在居里点附近出现急剧增大；

② 磁导率对温度的最大依赖关系，是由于处于居里点附近的铁磁物质的磁各向异性的戏剧性减少而导致的；

③ 在居里点附近，因为铁磁物质自然磁化的消失，将使导磁性减小。

E56：加热

加热是热源将热能传给较冷物体而使其变热的过程。

根据热能的获得，可分为直接加热和间接加热两类。直接热源加热是将热能直接施加于物料，如烟道气加热、电流加热和太阳辐射能加热等。间接热源加热是将上述直接热源的热能施加于一中间载热体，然后由中间载热体将热能再传给物料，如蒸汽加热、热水加热、矿物油加热等。

E57：焦耳 – 楞次定律

焦耳 – 楞次定律又称"焦耳定律"，用来定量确定电流热效应的定律。当电流经过导体时，导体所放出的热量和导体的电阻、电流强度的平方和电流在导体中所经历的时间成正比。它是焦耳和楞次两人各自独立从实验中得出的结论，故称为焦耳 – 楞次定律。

E58：焦耳 – 汤姆逊效应

当气体在管道中流动时，由于局部阻力（如遇到缩口和调节阀门时），其压力显著下降，这种现象叫做节流。工程上由于气体经过阀门等流阻元件时，流速大，时间短，来不及与外界进行热交换，可近似地作为绝热过程来处理，称为绝热节流。

实验发现，实际气体节流前后的温度一般将发生变化。气体经过绝热节流过程后温度发生变化的现象称为焦耳 – 汤姆逊效应（简称焦 – 汤效应）。造成这种现象的原因是实际气体的焓值不仅是温度的函数，而且也是压力的函数。大多数实际气体在室温下的节流过程中都有冷却效应，即通过节流元件后温度降低，这种温度变化称为正焦耳 – 汤姆逊效应。少数气体在室温下节流后温度升高，这种温度变化称为负焦耳 – 汤姆逊效应。

E59：金属覆层润滑剂

金属有机化合物中的金属会在高温下获得释放。金属覆层润滑剂中含有金属有机化合物，这种润滑剂是依靠零件间的摩擦力来进行加热的。然后，金属有机化合物将产生分解，释放出金属，释放的金属会填充到零件表面的不平整部位，以此来减少零件间的摩擦力。

E60：居里效应

法国物理学家比埃尔·居里早期的主要贡献为确定磁性物质的转变温度（居里点），铁磁物质由于存在磁畴，在外加的交变磁场的作用下将产生磁滞现象。如果将铁磁物质加热到一定的温度，由于金属点阵热运动的加剧，磁畴遭到破坏时，铁磁物质将转变为顺磁物质，磁滞现象消失，铁磁物质这一转变温度称为居里点温度。

不同的铁磁质，居里点不同。铁的居里点为 769℃；钴是 1131℃；镍的居里点较低，为 358℃。锰锌铁氧体的居里点只有 215℃，比较低。磁通密度、磁导率和损耗都随温度发生变化，除正常温度 25℃而外，还要给出 60℃、80℃、100℃时的各种参数数据。因此，锰锌铁氧体磁芯的工作温度一般限制在 100℃以下。钴基非晶合金的居里点为 205℃，也低，使用温度也限制在 100℃以下。铁基非晶合金的居里点为 370℃，其可以在 150～180℃以下使用。高磁导坡莫合金的居里点为 460～480℃，其可以在 200～250℃以下使用。微晶纳米晶合金的居里点为 600℃，硅钢居里点为 730℃，它们可以在 300～400℃以下使用。

E61：克尔效应

克尔效应指与电场二次方成正比的电感应双折射现象。放在电场中的物质，由于其分子受到电力的作用而发生取向（偏转），呈现各向异性，结果产生双折射，即沿两个不同方向物质对光的折射能力有所不同。这一现象是 1875 年克尔发现的。后人称它为克尔电光效应，或简称克尔效应。

观察克尔效应（图 F-1）：内盛某种液体（如硝基苯）的玻璃盒子称为克尔盒，盒内装有平行板电容器，加电压后产生横向电场。克尔盒放置在两正交偏振片之间。无电场时，液体为各向同性，光不能通过 P_2。存在电场时，液体具有单轴晶体的性质，光轴沿电场方向，此时有光通过 P_2。实验表明，在电场作用下，主折射率之差与电场强度的平方成正比。电场改变时，通过 P_2 的光强跟着变化，故克尔效应可用来对光波进行调制。液体在电场作用下产生极化，这是产生双折射的原因。电场的

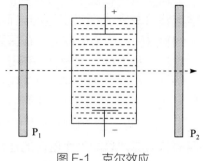

图 F-1 克尔效应

极化作用非常迅速，在加电场后不到 10^{-9}s 内就可完成极化过程，撤去电场后在同样短的时间内重新变为各向同性。克尔效应的这种迅速动作的性质可用来制造几乎无惯性的光的开关——光闸，它在高速摄影、光速测量和激光技术中获得了重要应用。

E62：扩散

物质分子从高浓度区域向低浓度区域转移，直到均匀分布的现象，称为扩散。扩散的速率与物质的浓度梯度成正比。

由于分子（原子等）的热运动而产生的物质迁移现象，一般可发生在一种或几种物质与同一物态或不同物态之间，由不同区域之间的浓度差或温度差所引起，而前者居多。一般从浓度较高的区域向较低的区域进行扩散，直到同一物态内各部分各种物质的浓度达到均匀或两种物态间各种物质的浓度达到平衡为止。显然，由于分子的热运动，这种"均匀""平衡"都属于"动态平衡"，即在同一时间内，界面两侧交换的粒子数相等，如红棕色的二氧化氮气体在静止的空气中的散播，蓝色的硫酸铜溶液与静止的水相互渗入，钢制零件表面的渗碳以及使纯净半导体材料成为 N 型或 P 型半导体掺杂工艺等，都是扩散现象的具体体现。在电学中半导体 PN 结的形成过程中，自由电子和空穴的扩散运动是基本依据。

扩散速度在气体中最大，在液体中其次，在固体中最小，而且浓度差越大、温度越高、参与的粒子质量越小，扩散速度也越大。

E63：冷却

使物体温度降低的过程，称为冷却。例如，受辐照的材料长时间被摆在一边不动以便冷却。

冷却的方法通常有直接冷却法和间接冷却法两种。直接冷却法直接将冰或冷水加入被冷却的物料中。该方法最简便有效，也最迅速，但只能在不影响被冷却物料的品质或不致引起化学变化时才能使用。也可将热物料置于敞槽中或喷洒于空气中，使在表面自动蒸发而达到冷却的目的。间接冷却法将物料放在容器中，其热能经过器壁向周围介质自然散热。被冷却物料如果是液体或气体，则冷却可在间壁冷却器中进行。夹套、蛇管、套管、列管等式的热交换器都适用。冷却剂一般是冷水和空气，或根据生产实际情况来确定。

E64：洛伦兹力

运动电荷在磁场中所受到的力称为洛伦兹力，即磁场对运动电荷的作用力。荷兰物理学家洛伦兹首先提出了运动电荷产生磁场和磁场对运动电荷有作用力的观点，为纪念他，人们称这种力为洛伦兹力。在国际单位制中，洛伦兹力的单位是牛顿。

洛伦兹力的方向遵循左手定则［左手平展，使大拇指与其余四指垂直，并且都跟手掌在一个平面内；把左手放入磁场中，让磁感线垂直穿入手心（手心对准N极，手背对准S极），四指指向电流方向（即正电荷运动的方向），则拇指的方向就是导体或正电荷受力方向］。由于洛伦兹力始终垂直于电荷的运动方向，所以它对电荷不做功，不改变运动电荷的速率和动能，只能改变电荷的运动方向，使之偏转。

洛伦兹力既适用于宏观电荷，也适用于微观荷电粒子。电流元在磁场中所受安培力就是其中运动电荷所受洛伦兹力的宏观表现。导体回路在恒定磁场中运动，使其中磁通量变化而产生的动生电动势也是洛伦兹力的结果，洛伦兹力是产生动生电动势的非静电力。

如果电场和磁场并存，则运动点电荷受力为电场力和磁场力之和。洛伦兹力在许多科学仪器和工业设备，例如，俘谱仪、质谱仪、粒子加速器、电子显微镜、磁镜装置、霍尔器件中都有广泛应用。

E65：毛细现象

凡内径很细的管子都可叫"毛细管"。通常指的是内径等于或小于1毫米的细管，管子因管径有的细如毛发，故称毛细管。例如，水银温度计、钢笔尖部的狭缝、毛巾和吸墨纸纤维间的缝隙、土壤结构中的缝隙以及植物的根、茎、叶的脉络等，都可认为是毛细管。

插入液体中的毛细管，管内外的液面会出现高度差。当毛细管插入浸润液体中，管内液面上升，高于管外；毛细管插入不浸润液体中，管内液面下降，低于管外，这种现象称为"毛细现象"。

产生毛细现象的原因之一是由于附着层中分子的附着力与内聚力的作用造成浸润或不浸润，因而使毛细管中的液面呈现弯月形。原因之二是由于表面张力和重力的共同作用，从而使弯曲液面产生附加压强。由于弯月面的形成，使得沿液面切面方向作用的表面张力的合力，在凸弯月面处指向液体内部，在凹弯月面处指向液体外部。由于合力的作用使弯月面下液体的压强发生了变化——对液体产生一个附加压强，凸弯月面下液体的压强大于水平液面下液体的压强，而凹弯月面下液体的压强小于水平液面下液体的压强。根据盛着同一液体的连通器中同一高度处各点的压强都相等的道理，当毛细管里的液面是凹弯月面时，液体不断地上升，直到上升液柱的静压强抵消了附加压强；同样，当液面呈凸月面时，毛细管里的液面将下降。

E66：摩擦力

两个互相接触的物体，当它们发生相对运动或有相对运动趋势时，在两个物体的接触面之间会产生阻碍它们相对运动的作用力，这个力叫摩擦力。摩擦力在本质上是由电磁力引起的。

物体之间产生摩擦力必须要具备以下四个条件：两物体相互接触；两物体相互挤压，发生形变，有弹力；两物体发生相对运动或相对运动趋势；两物体间接触面粗糙。四个条件缺一不可。由此可见：有弹力的地方不一定有摩擦力，但有摩擦力的地方一定有弹力。摩擦力是一种接触力，还是一种被动力。摩擦力可分为静摩擦力和滑动摩擦力。

若两个相互接触而又相对静止的物体，在外力作用下如只具有相对滑动趋势，而又未发生相对滑动，则它们接触面之间出现的阻碍发生相对滑动的力，叫做"静摩擦力"。静摩擦力很常见。例如，拿在手中的瓶子、毛笔不会滑落，就是静摩擦力作用的结果。静摩擦力在生产技术中的应用也很多。例如，皮带运输机是靠货物和传送皮带之间的静摩擦力把货物送往别处的。

两接触物体产生相对滑动时产生的摩擦力称为滑动摩擦力。大量实验表明，滑动摩擦力的大小只和法向正压力的大小和接触面的性质（动摩擦系数）有关。接触面材料相同时，法向正压力越大，滑动摩擦力越大；法向正压力相同时，接触面越粗糙，滑动摩擦力越大。在低速情况下，摩擦力的大小与物体的表观接触面积及物体运动的快慢都无关。滑动摩擦力是阻碍相互接触物体间相对运动的力，不一定是阻碍物体运动的力。即摩擦力不一定是阻力，它也可能是使物体运动的动力。要清楚阻碍"相对运动"是以相互接触的物体作为参照物的。"物体运动"可能是以其他物体作参照物的。

E67：珀尔帖效应

1834年，法国科学家珀尔帖发现了热电致冷和致热现象，即温差电效应。由N、P型材料组成一对热电偶，当热电偶通入直流电流后，因直流电通入的方向不同，将在电偶结点处产生吸热和放热现象，称这种现象为珀尔帖效应。珀尔帖效应就是电流流过两种不同导体的界面时，将从外界吸收热量，或向外界放出热量。由珀尔帖效应产生的热流量称作珀尔帖热。对珀尔帖效应的物理解释是：电荷载体在导体中运动形成电流，由于电荷载体在不同的材料中处于不同的能级，当它从高能级向低能级运动时，便释放出多余的能量；相反，从低能级向高能级运动时，从外界吸收能量。能量在两材料的交界面处以热的形式吸收或放出。

半导体致冷器，也叫热电致冷器或温差致冷器，采用了珀尔贴效应，即组合不同种类的两种金属，通电时一方发热而另一方吸收热量的方式。

E68：起电

起电，就是使物体带电。起电并不是创造了电荷，而是引起了电荷的转移，使物体显电性。

起电的方法有三种：摩擦起电、感应起电、接触起电。

摩擦起电的原理是由于各种物质束缚电子的能力不一样，摩擦两个不同物体就会引起电子的转移，使得到电子的一个物体显负电，另一个显正电。两个被摩擦的物体带的是异种等量电荷。两个相同物质摩擦不能起电。

摩擦起电顺序表：空气、人手、石棉、兔毛、玻璃、云母、人发、尼龙、羊毛、铅、丝绸、铝、纸、棉花、钢铁、木、琥珀、蜡、硬橡胶、镍/铜、黄铜/银、金/铂、硫黄、人造丝、聚酯、赛璐珞、奥纶、聚氨酯、聚乙烯、聚丙烯、聚氯乙烯、二氧化硅、聚四氟乙烯。上述物体中，距离越远，起电的效果越好。

感应起电：将一个带电体靠近一个不带电的物体，这个物体靠近带电体的一端产生了与带电体相反的电荷，而远离带电体的一端产生了同种电荷，而且两端电荷量相等。感应起电的原理是电荷间的相互作用力。带电的物体能吸引不带电的物体，就是因为感应起电。

接触起电：将一个带电体与另一个不带电的物体接触，就可以使不带电的物体带电。接触后，两个物体带同种电荷。接触起电的原理是感应起电和电中和。

E69：气穴现象

气穴来自拉丁文"cavitus"，是空虚、空处的意思。气穴现象是由于机械力，如由船用的旋转机械力产生的致使液体中突然形成低压气泡并破裂的现象。水的气穴现象指冲击波到达水面后，使水面快速上升，并在一定的水域内产生很多空泡层，最上层空泡层最厚，向下逐渐变薄。随着静水压力的增加，超过一定的深度后，便不再产生空泡。

声波的气穴现象研究：用 20～40kHz 的声波进行了实验，声波在浓硫酸液体中产生高密度与低密度两个快速交替的区域，使得压力在其间振荡，液体中的气泡在高压下收缩，低压下膨胀。压力的变化非常快，致使气泡向内炸裂，有足够的能量产生热，这一过程被称为声学的气穴现象。

气穴现象在水下武器中广泛应用，比如海底子弹，当子弹由特别的物体发射出去后，在它的前部会形成一种类似于气泡状的东西，它的形成会让子弹的阻力减小，以增加威力。

E70：热传导

热量从系统的一部分传到另一部分或由一个系统传到另一个系统的现象叫热传导。热传导是热传递三种基本方式之一。它是固体中热传递的主要方式，在不流动的液体或气体层中层层传递，在流动情况下往往与对流同时发生。热传导实质是大量物质的分子热运动互相撞击，使能量从物体的高温部分传至低温部分，或由高温物体传给低温物体的过程。在固体中，热传导的微观过程是：在温度高的部分，晶体中结点上的微粒振动动能较大。在低温部分，微粒振动动能较小。因微粒的振动互相联系，所以在晶体内部就发生微粒的振动，动能由动能大的部分向动能小的部分传递。在固体中热的传导，就是能量的迁移。在金属物质中，因存在大量的自由电子，在不停地做无规则的热运动。自由电子在金属晶体中对热的传导起主要作用。在液体中热传导表现为液体分子在温度高的区域热运动比较强，由于液体分子之间存在着相互作用，热运动的能量将逐渐向周围层层传递，引起了热传导现象。由于热传导系数小，传导得较慢，它与固体相似，因而不同于气体。气体依靠分子的无规则热运动以及分子间的碰撞，在气体内部发生能量迁移，从而形成宏观上的热量传递。

各种物质的热传导性能不同，一般金属都是热的良导体，玻璃、木材、棉毛制品、羽毛、毛皮以及液体和气体都是热的不良导体，石棉的热传导性能极差，常作为绝热材料。

E71：热电现象

温差电动势即热电动势：用两种金属接成回路，当两接头处温度不同时，回路中会产生电动势，称热电动势。热电动势的成因是自由电子扩散（汤姆逊电动势），自由电子浓度不同（珀尔帖电动势），珀尔帖效应（塞贝克效应）。

E72：热电子发射

热电子发射又称爱迪生效应，是爱迪生于1883年发现的，是指加热金属使其中的大量电子克服表面势垒而逸出的现象。与气体分子相似，金属中的自由电子做无规则的热运动，其速率有一定的分布、在金属表面存在着阻碍电子逃脱出去的作用力，电子逸出需克服阻力做功，称为逸出功。在室温下，只有极少量电子的动能超过逸出功，从金属表面逸出的电子微乎其微。一般当金属温度上升到1 000℃以上时，动能超过逸出功的电子数目急剧增多，大量电子从金属中逸出，这就是热电子发射。若无外电场，逸出的热电子在金属表面附近堆积，成为空间电荷，它将阻止热电子继续发射。通常以发射热电子的金属丝为阴极，另一金属板为阳极，其间加电压，使热电子在电场作用下从阴极到达阳极，这样不断发射，不断流动，形成电流。随着电压的升高，单位时间从阴极发射的电子全部到达阳极，于是电流饱和。

许多电真空器件的阴极是靠热电子发射工作的。由于热电子发射取决于材料的逸出功及其温度，因此应选用熔点高而逸出功低的材料来做阴极。除热电子发射外，靠电子流或离子流轰击金属表面产生的电子发射，称为二次电子发射，靠外加强电场引起的电子发射称为场效发射，靠光照射金属表面引起的电子发射称为光电发射。各种电子发射都有其特殊的应用。

E73：热辐射

热辐射是热量传递的三种方式之一，是指物体由于具有温度而辐射电磁波的现象。热辐射虽然也是热传递的一种方式，但它和热传导、对流不同。它能不依靠媒质把热量直接从一个系统传给另一系统。热辐射以电磁辐射的形式发出能量，温度越高，辐射越强。辐射的波长分布情况也随温度而变，温度较低时，主要以不可见的红外光进行辐射，在500℃以至更高的温度时，则顺次发射可见光至紫外线辐射。热辐射是远距离传热的主要方式，如太阳的热量就是以热辐射的形式，经过宇宙空间再传给地球的。

热辐射的本质如下：发射辐射能是各类物质的固有特性。当原子内部的电子受激或振动时，产生交替变化的电场和磁场，发出电磁波向空间传播，这就是辐射。由于自身温度或热运动的原因而激发产生的电磁波传播，就称热辐射。显然，热辐射是电磁波，电磁波的波长范围可从几万分之一微米到数千米。通常把红外线、可见光和部分紫外线等电磁波称为热射线。热射线具有波动和量子特性。

一切温度高于绝对零度的物体都能产生热辐射，温度愈高，辐射出的总能量就愈大，短波成分也愈多。热辐射的光谱是连续谱，波长覆盖范围理论上可从0直至无穷，一般的热辐射主要靠波长较长的可见光和红外线。由于电磁波的传播无需任何介质，所以热辐射是在真空中唯一的传热方式。

关于热辐射的重要规律有4个：基尔霍夫辐射定律、普朗克辐射分布定律、斯蒂藩－玻耳兹曼定律、维恩位移定律。有时将这4个定律统称为热辐射定律。

E74：热敏性物质

热敏性物质是受热时就会发生明显状态变化的物质，这些状态变化通常是相变、一级相变或二级相变。

由于热敏性物质可以在很窄温度范围内发生急速的转化，所以常用来显示温度，用来代替温度的测量。以下是可用的热敏性物质：可改变光学性能的液晶；改变颜色的热涂料；溶解合金，比如伍德合金；有沸点、凝固点和转化的临界状态点的水；有形状记忆能力的材料；在居里点可改变磁性的铁磁材料。

E75：热膨胀

物体因温度改变而发生的膨胀现象叫"热膨胀"。通常是指在外压强不变的情况下，大多数物质在温度升高时，其体积增大，温度降低时体积缩小。在相同条件下，气体膨胀最大，液体膨胀次之，固体膨胀最小。也有少数物质在一定的温度范围内，温度升高时，其体积反而减小，如 $0 \sim 4$℃的水。因为物体温度升高时，分子运动的平均动能增大，分子间的距离也增大，物体的体积随之而扩大；温度降低，物体冷却时分子的平均动能变小，使分子间距离缩短，于是物体的体积就要缩小。又由于固体、液体和气体分子运动的平均动能大小不同，因而从热膨胀的宏观现象来看也有显著的区别。

热膨胀系数：为表征物体受热时，其长度、面积、体积变化的程度而引入的物理量。它是线膨胀系数、面膨胀系数和体膨胀系数的总称。

E76：热双金属片

热双金属片也称双金属片，是精密合金的一种，由两层（或多层）具有不同热膨胀系数的金属或合金作为组元层牢固结合而成。热双金属中的一组元层具有低的热膨胀系数，为被动层；另一组元层具有高的热膨胀系数，为主动层。有时，为了得到性能特殊的热双金属，还可以加入第三层或第四层金属或合金。通常，被动层材料都采用因瓦型合金；主动层材料则采用黄铜、镍等。通过主动层和被动层材料的不同组合，可以得到不同类型的热双金属，如高温型、中温型、低温型、高敏感型、耐蚀型、电阻型和速动型等。

热双金属片是由两种或多种具有合适性能的金属或其他材料所组成的一种复合材料构成的片材。由于各组元层的热膨胀系数不同，当温度变化时，这种复合材料的曲率将发生变化。但是随着双金属应用领域的扩大和结合技术的进步，近代已相继出现三层、四层、五层的双金属。事实上，凡是依赖温度改变而发生形状变化的组合材料，现今在习惯上仍称为热双金属。

由于金属膨胀系数的差异，在温度发生变化时，主动层的形变要大于被动层的形变，从而双金属片的整体就会向被动层一侧弯曲，产生形变。这一热敏特性广泛用于温度测量、温度控制、温度补偿和程序控制等。电气工业中的热继电器和断路器等，仪表工业中的气象仪表和电流计等，家用电器方面的电熨斗、电灶、电冰箱和空调装置等，都广泛采用热双金属元件。另外，还可以利用双金属片制成温度计，用来测量较高的温度。

E77：渗透

渗透是指水分子以及溶剂通过半透性膜的扩散。水的扩散同样是从自由能高的地方向自由能低的地方移动，如果考虑到溶质，水是从溶质浓度低的地方向溶质浓度高的地方流动。更准确一点说，是从蒸汽压高的地方扩散到蒸汽压低的地方。

被半透膜所隔开的两种液体,当处于相同的压强时,纯溶剂通过半透膜进入溶液的现象,称渗透。渗透作用不仅发生在纯溶剂和溶液之间,而且还可以在同种不同浓度溶液之间发生,低浓度的溶液通过半透膜进入高浓度的溶液中。砂糖、食盐等结晶体的水溶液,易通过半透膜,而糊状、胶状等非结晶体则不能通过。

E78：塑性变形

塑性变形是金属零件在外力作用下产生的不可恢复的永久变形。

通过塑性变形,不仅可以把金属材料加工成所需要的各种形状和尺寸的制品,而且还可以改变金属的组织和性能。

一般使用的金属材料都是多晶体,金属的塑性变形可认为是由晶内变形和晶间变形两部分组成。

假若除去外力,金属中原子立即恢复到原来稳定平衡的位置,原子排列畸变消失,金属完全恢复了自己的原始形状和尺寸,则这样的变形称为弹性变形。增加外力,原子排列的畸变程度增加,移动距离有可能大于受力前的原子间距离,这时晶体中一部分原子相对于另一部分产生较大的错动。外力除去以后,原子间的距离虽然仍可恢复原状,但错动了的原子并不能再回到其原始位置,金属的形状和尺寸也都发生了永久改变。这种在外力作用下产生的不可恢复的永久变形称为塑性变形。

E79：Thoms 效应

在管道中流体流动沿径向分为三部分：管道的中心为紊流核心,它包含了管道中的绝大部分流体；紧贴管壁的是层流底层；层流底层与紊流旋涡之间为缓冲区。层流的阻力要比紊流的阻力小。

1948 年,英国科学家 Thoms 发现,在液体中添加聚合物可以将管内流动从紊流转变成层流,从而大大降低输送管道的阻力,这就是摩擦减阻技术。

① 减阻剂的减阻机理。管道中的流体流态大多为紊流,而减阻剂恰恰在紊流区起作用。最新的研究成果表明,缓冲区是紊流最先形成的地方。减阻高聚物主要在缓冲区起作用。减阻高聚物分子可以在流体中伸展,吸收薄间层的能量,干扰薄间层的液体分子从缓冲区进入紊流核心,阻止其形成紊流或减弱紊流的程度。

② 减阻剂的生产工艺。减阻剂生产的技术关键主要包括两个方面：一是超高分子量、非结晶性、烃类溶剂可溶的减阻聚合物的合成；二是减阻聚合物的后处理。

E80：汤姆逊效应

在介绍汤姆逊效应之前,先介绍前人所做的工作。

1821 年,德国物理学家塞贝克发现,在两种不同的金属所组成的闭合回路中,当两接触处的温度不同时,回路中会产生一个电势,此所谓"塞贝克效应"。1834 年,法国实验科学家珀尔帖发现了它的反效应：两种不同的金属构成闭合回路,当回路中存在直流电流时,两个接头之间将产生温差,此所谓"珀尔帖效应"。1837 年,俄国物理学家楞次又发现,电流的方向决定了吸收还是产生热量,发热(制冷)量的多少与电流的大小成正比。

1856 年,汤姆逊利用他所创立的热力学原理,对塞贝克效应和珀尔帖效应进行了全面分析，并将本来互不相干的塞贝克系数和珀尔帖系数建立了联系。汤姆逊认为，在绝对零度时，珀尔帖系数与塞贝克系数之间存在简单的倍数关系。在此基础上，他又从理论上预言了一种新的温差电效应，即当电流在温度不均匀的导体中流过时，导体除产生不可逆的焦耳热之外，还要吸收或放出一定的热量（称为汤姆逊热）。或者反过来，当一根金属棒的两端温度不同时，金属棒两端会形成电势差。这一现象后叫汤姆逊效应（Thomson effect），成为继塞贝克效应和珀尔帖效应之后的第三个热电效应。

汤姆逊效应的物理学解释是：金属中温度不均匀时，温度高处的自由电子比温度低处的自由电子动能大。像气体一样，金属当温度不均匀时会产生热扩散，因此自由电子从温度高端向温度低端扩散，在低温端堆积起来，从而在导体内形成电场，在金属棒两端便引成一个电势差。这种自由电子的扩散作用一直进行到电场力对电子的作用与电子的热扩散平衡。

汤姆逊效应是导体两端有温差时产生电势的现象，珀尔帖效应是带电导体的两端产生温差（其中的一端产生热量，另一端吸收热量）的现象，两者结合起来就构成了塞贝克效应。

E81：韦森堡效应

当高聚物熔体或浓溶液在各种旋转黏度计中或容器中进行电动搅拌，受到旋转剪切作用，流体会沿着内筒壁或轴上升，发生包轴或爬杆现象，在锥板黏度计中则产生使锥体和板分开的力，如果在锥体或板上有与轴平行的小孔，流体会涌入小孔，并沿孔上所接的管子上升，这类现象统称为韦森堡效应。尽管韦森堡效应有很多表现形式，但它们都是法向应力效应的反映。

E82：位移

质点从空间的一个位置运动到另一个位置，它的位置变化叫做质点在这一运动过程中的位移。位移是一个有大小和方向的物理量，是矢量。物体在某一段时间内，如果由初位置移到末位置，则连接初位置到末位置的有向线段叫做位移。它的大小是运动物体初位置到末位置的直线距离；方向是从初位置指向末位置。位移只与物体运动的始末位置有关，而与运动的轨迹无关。如果质点在运动过程中经过一段时间后回到原处，那么，路程不为零而位移为零。在国际单位制中，位移的单位为米，此外常用的位移单位还有毫米、厘米、千米等。

E83：吸附作用

吸附作用是指各种气体以及溶液里的溶质被吸着在固体或液体物质表面上的作用。吸附作用实际是吸附剂对吸附质颗粒的吸引作用。具有吸附性的物质叫做吸附剂，被吸附的物质叫做吸附质。吸附作用可分为物理吸附和化学吸附。物理吸附是以分子间作用力相吸引的，吸附热少。如活性炭对许多气体的吸附属于这一类，被吸附的气体很容易解脱出来，而不发生性质上的变化。所以物理吸附是可逆过程。化学吸附则以类似于化学键的力相互吸引，其吸附热较大。例如，许多催化剂对气体的吸附属于这一类。被吸附的气体往往需要在很高的温度下才能解脱，而且在性状上有变化。所以化学吸附大都是不可逆过程。同一物质，可能在低温下进行物理吸附而在高温下为化学吸附，或者两者同时进行。

常见的吸附剂有活性炭、硅胶、活性氧化铝、硅藻土等。电解质溶液中生成的许多沉淀，如氢氧化铝、氢氧化铁、氯化银等也具有吸附能力，它们能吸附电解质溶液中的许多离子。

在生产和科学研究上，常利用吸附和解吸作用来干燥某种气体或分离、提纯物质。吸附作用可以使反应物在吸附剂表面浓集，因而提高化学反应速度。同时由于吸附作用，反应物分子内部的化学键被减弱，从而降低了反应的活化能，这使化学反应速度加快。因此，吸附剂在某些化学反应中可作催化剂。

E84：吸收

吸收是指物质吸取其他实物或能量的过程。气体被液体或固体吸取，或液体被固体所吸取。在吸收过程中，一种物质将另一种物质吸进体内与其融和或化合。例如，硫酸或石灰吸收水分；血液吸收营养；毡毯、矿物棉、软质纤维板及膨胀珍珠岩等材料可吸收噪声；用化学木浆或棉浆制成纸质粗松的吸墨纸，用来吸干墨水。吸收气体或液体的固体，往往具有多孔结构。当声波、光波、电磁波的辐射投射到介质表面时，一部分被表面反射，一部分被吸收而转变为其他形式的能量。当能量在介质中沿某一方向传播时，随入射深度变深逐渐被介质吸收。例如，玻璃吸收紫外线，水吸收声波，金属吸收 X 射线等。

光的吸收是指光在介质中传播时部分能量被介质吸收的现象。从实验上研究光的吸收，通常用一束平行光照射在物质上，测量光强随穿透距离衰减的规律。若介质对光的吸收程度与波长无关，则称为一般吸收；若对某些波长或一定波长范围内的光有较强吸收，而对其他波长的光吸收较少，则称为选择吸收。大多数染料和有色物体的颜色都是选择吸收的结果。多数物质对光在一定波长范围内吸收较少（表现为对光透明），而在另一些波段内则对光有强烈吸收（表现为不透明）。例如，对可见光透明的普通玻璃对红外线和紫外线有强烈吸收。用具有连续谱的光照射物质，再把经物质吸收后的透射光用光谱仪展成光谱，就得该物质的吸收光谱。

波的吸收是指波在实际介质中，由于波动能量总有一部分会被介质吸收，波的机械能不断减少，波强亦对逐渐减弱。

E85：形变

形变是物体由于外因或内在缺陷，在外力作用下物质的各部分的相对位置发生变化的过程。凡物体受到外力而发生形状变化的现象谓之"形变"。形变的种类有：

① 纵向形变，即物体两端受到压力或拉力时，长度发生改变；

② 体积形变，即物体体积大小的改变；

③ 切变，即物体两相对的表面受到在表面内的（切向）力偶作用时，两表面发生相对位移；

④ 扭转，即一圆柱状物体，两端各受方向相反的力矩作用而发生的形变；

⑤ 弯曲，即物体因负荷而弯曲所产生的变形，称弯曲形变；

⑥ 微小形变，指肉眼无法看到的形变，如果一个力没有改变物体的运动状态，以及没有发生以上形变，一定是使物体发生了微小形变。

此外，还包括弹性材料的应变、塑性材料的永久形变和液体的流动。无论产生什么形变，都可归结为长变与切变。

E86：形状

物体形状：物体的外部轮廓。
形状的几何参数：体积、表面积、尺寸等。
常用的形状是光滑表面、抛物面、球面、皱褶、螺旋、窄槽、微孔、穗、环等。

E87：形状记忆合金

一般金属材料受到外力作用后，首先发生弹性变形，达到屈服点后，就产生塑性变形，压力消除后留下永久变形。但有些材料，在发生了塑性变形后，经过合适的热过程，能够恢复到变形前的形状，这种现象叫做形状记忆效应（SME）。具有形状记忆效应的金属一般是由两种以上金属元素组成的合金，称为形状记忆合金（SMA）。

形状记忆合金可以分为三种。
① 单程记忆效应。形状记忆合金在较低的温度下变形，加热后可恢复变形前的形状，这种只在加热过程中存在的形状记忆现象称为单程记忆效应。
② 双程记忆效应。某些合金加热时恢复高温相形状，冷却时又能恢复低温相形状，这种现象称为双程记忆效应。
③ 全程记忆效应。加热时恢复高温相形状，冷却时变为形状相同而取向相反的低温相形状，称此现象为全程记忆效应。

E88：压磁效应

铁磁性材料受到机械力的作用时，其内部产生应变，从而产生应力，导致磁导率发生变化的现象称为压磁效应。

磁材料被磁化时，如果受到限制而不能伸缩，内部会产生应力。同样在外部施加力也会产生应力。当铁磁材料因磁化而引起伸缩产生应力时，其内部必然存在磁弹性能量。分析表明，磁弹性能量与磁致伸缩系数与应力的乘积成正比，并且还与磁化方向与应力方向之间的夹角有关。由于磁弹性能量的存在，这将使磁化方向改变。对于正磁致伸缩材料，如果存在拉应力，将使磁化方向转向拉应力方向，加强拉应力方向的磁化，从而使拉应力方向的磁导率增大。压应力将使磁化方向转向垂直于应力的方向，削弱压应力方向的磁化，从而使压应力方向的磁导率减小。对于负磁致伸缩材料，情况正好相反。这种磁化的铁磁材料在应力影响下形成磁弹性能，使磁化强度矢量重新取向，从而改变应力方向的磁导率的现象称为磁弹效应或压磁效应。

E89：压电效应

压电效应是指某些电介质在沿一定方向上受到外力的作用而发生变形时，其内部会产生极化现象，同时在它的两个相对表面上出现正负相反的电荷，而当外力去掉后，它又会恢复到不带电的状态。当作用力的方向改变时，电荷的极性也随之改变。相反，当在电介质的极化方向上施加电场时，同样会引起电介质内部正负电荷中心的相对位移而导致电介质发生变形，且其应变与外电场强度成正比，电场去掉后，电介质的变形随之消失，这种现象称为逆压电效应，或称为电致伸缩现象。依据电介质压电效应研制的一类传感器称为压电传感器。

E90：压强

物体的单位面积上受到的法向压力的大小叫做压强，是表示压力作用效果强弱的物理量。对于压强的定义，应当着重领会四个要点。

① 受力面积一定时，压强随着压力的增大而增大（此时压强与压力成正比）。

② 当压力一定时，受力面积越小，压强越大；受力面积越大，压强越小（此时压强与受力面积成反比）。

③ 压力和压强是截然不同的两个概念：压力是支持面上所受到的并垂直于支持面的作用力，跟支持面面积大小无关。

④ 压力、压强的单位是有区别的。压力的单位是牛顿，与一般力的单位相同。压强的单位是一个复合单位，由力的单位和面积的单位组成，在国际单位制中是牛顿/平方米，称"帕斯卡"，简称"帕"。

E91：液/气体的压力

液体的压力是指液体受到重力作用而向下流动，因受容器壁及底的阻止，故器壁及底受到液体压力的作用。液体因为重力的作用和它的流动特性，当液体静止时，液体内及其接触面上各点所受的压力，都遵守下列各条规律：

① 静止液体的压力必定与接触面垂直；

② 静止液体内同一水平面上各点所受的压强完全相等；

③ 静止液体内某一点的压强，对任何方向都相等；

④ 静止液体内上下两点的压强差，大小等于以两点间的垂直距离为高度，单位面积为底的液柱重量。

地球表面覆盖有一层厚厚的由空气组成的大气层。在大气层中的物体，都要受到空气分子撞击产生的压力，即大气压力。也可以认为，大气压力是大气层中的物体受大气层自身重力产生的作用于物体上的压力。

E92：液体动力

液体动力学是研究水及其他液体的运动规律及其与边界相互作用的学科，又称水动力学。液体动力学和气体动力学组成流体动力学。人类很早就开始研究水的静止和运动的规律，这些规律也可适用于其他液体和低速运动的空气。20世纪以来，随着航空、航天、航海、水能、采油、医学等行业的发展，与流体动力学相结合的边缘学科不断出现并充实了液体动力学的内容。液体动力学研究的方法有现场观测、实验模拟、理论分析和数值计算四类。

液体运动受两个主要方面的影响：一是液体本身的特性；二是约束液体运动的边界特性。根据这些特性的改变，液体动力学的主要研究内容是理想液体运动。根据普朗特的边界层理论，在边界层以外的区域中，黏性力可以不予考虑，因此，理想液体的运动规律在特定条件下仍可应用。在普朗特以前，在这一领域曾进行过很多研究（如有环量的无旋运动,拉普拉斯无旋运动)。液体的压缩性很小,只有在几种情况下,如管道中的水击、水中声波、激波传播等,才需要考虑液体的可压缩性。

E93:液体和气体压强

压强是指物体单位面积上受到的法向压力,反映了压力作用效果的强弱。液体由于受到重力的作用,所以对容器的底部有压强的作用。

液体由于具有流动性,所以具有跟固体不同的压强特点:在液体内部向各个方向都有压强,压强随深度的增加而增大,在同种液体的相同深度的各处和各个方向的压强相等,不同液体的内部相同的深度的压强还跟液体的密度有关,密度越大,压强越大。液体的压强与受力面积无关。

在解决问题时应注意以下几点。

① 液体内部某处的深度,应当取该处至液面的垂直距离,它与容器形状无关。

② 深度与高度是有区别的,深度是从液面向下至某一点的垂直距离,而高度是从容器或液体的底部起向上到液面的竖直高度。

③ 液体内部某处至液面之间有几层密度不同的液体,则该处的压强等于几层液体各自产生的压强之和。在考虑大气压的情况下,该处的压强还应当加上液面上受到的大气压强。

空气能流动,也受到重力作用,所以空气内部向各个方向都有压强,大气对浸在它里面的物体产生的压强叫做大气压强。大气压强通常以水银气压计的水银柱的高度来表示。地面上标准大气压约等于 76cm 高水银柱产生的压强。由于测量地区等条件的影响,所测数值不同。

E94:一级相变

不同相之间的相互转变,称为"相变"或称"物态变化"。自然界中存在的各种各样的物质,绝大多数都是以固、液、气 3 种聚集态存在着。为了描述物质的不同聚集态,而用"相"来表示物质的固、液、气 3 种形态的"相貌"。从广义上来说,所谓"相",指的是物质系统中具有相同物理性质的均匀物质部分,它和其他部分之间用一定的分界面隔离开来。例如,在由水和冰组成的系统中,冰是一个相,水是另一个相。不同相之间相互转变一般包括两类,即一级相变和二级相变。相变总是在一定的压强和一定的温度下发生的。在物质形态的互相转换过程中必然要有热量的吸入或放出。物质三种状态的主要区别在于它们分子间的距离、分子间相互作用力的大小和热运动的方式不同,因此在适当的条件下,物体能从一种状态转变为另一种状态,其转换过程是从量变到质变。例如,物质从固态转变为液态的过程中,固态物质不断吸收热量,温度逐渐升高,这是量变的过程;当温度升高到一定程度,即达到熔点时,再继续供给热量,固态就开始向液态转变,这是就发生了质的变化。虽然继续供热,但温度并不升高,而是固液并存,直至完全熔化。

在发生相变时,体积的变化同时伴随热量的吸收或释放,这类相变即称为"一级相变",即一般所说的相变。例如,在 1 个大气压和 0℃的情况下,1kg 质量的冰转变成同温度的水,要吸收 79.6kcal(1cal=4.18J)的热量,与此同时体积也收缩。所以,冰与水之间的转换属一级相变。

一级相变的特点是两相的化学势相等,但有体积改变并产生相变热。也就是说,在相变点，两相的化学势的一级偏微商不相等。

E95：永久磁铁

在没有外加磁场的情况下，能够长时间保持自身磁性的物体。永久磁铁可用铁磁性的物料，如铁、镍等制成。其原子结构特殊，原子本身具有磁矩。一般这些矿物分子排列混乱，磁区互相影响就显不出磁性，但是在外力如磁场导引下，分子排列方向趋向一致，就显出磁性，也就是俗称的磁铁。铁、钴、镍是最常用的磁性物质。基本上磁铁分永久磁铁与软磁铁。永久磁铁是加上强磁使磁性物质的自旋与电子角动量成固定方向排列；软磁铁则需加上电流才能显出磁性，等电流去掉，软铁会慢慢失去磁性。磁铁只是一个通称，是泛指具有磁性的东西，实际的成分不一定包含铁。较纯的金属态的铁本身没有永久磁性，只有靠近永久磁铁时才会感应产生磁性。一般的永久磁铁里面加了其他杂质元素（如碳）来使磁性稳定下来，但是这样会使电子的自由性降低而不易导电，所以电流通过的时候灯泡亮不起来。铁是常见的带磁性元素，但许多其他元素具有更强的磁性，像强力磁铁很多就是钕、铁、硼混合而成的。

E96：约翰逊-拉别克效应

1920 年，约翰逊和拉别克发现，抛光镜面的弱导电物质（玛瑙，石板等）的平板，会被一对连接着 200V 电源的、邻接的金属板稳固地拿住。而在断电的情况下，金属板可以很轻易地移开。

对此现象的解释如下：金属和弱导电物质，两者是通过少数的几个点相互接触的，这就导致了过渡区中的大电阻系数、金属板间接触的弱导电物质与金属板自己本身的小电阻系数（由于大的横截面），所以，在金属和物质间的如此狭小的一个转换空间内，存在着电场，将会产生巨大的压降，由于金属和物质之间（大约 1nm）的微小距离，此空间就产生了很高的电位差。

E97：折射

波在传播过程中，由一种媒质进入另一种媒质时，传播方向发生偏折的现象称为波的折射。在同类媒质中，由于媒质本身不均匀，也会使波的传播方向改变，此种现象也称为波的折射。

任何介质相对于真空的折射率，称为该介质的绝对折射率，简称折射率。对于一般光学玻璃，可以近似地以空气的折射率来代替绝对折射率。

E98：振动

振动是一种常见的运动形式。力学中指一个物体在某一位置附近做周期性的往复运动，常称为机械振动，也称为振荡。振动是指一个状态改变的过程。从广义上说振动是指描述系统状态的参量（如位移、电压）在其基准值上下交替变化的过程。狭义上指机械振动，即力学系统中的振动，是物体（或物体的一部分）在平衡位置（物体静止时的位置）附近做的往复运动，可分为自由振动和受迫振动，又可分为无阻尼振动与阻尼振动。常见的简谐运动有弹簧振子模型、单摆模型等。振动在机械行业中的应用非常普遍，例如，在振动筛分行业中基本原理是借电机轴上下端所安装的重锤（不平衡重锤），将电机的旋转运动转变为水平、垂直、倾斜的三次元运动，再把这个运动传达给筛面。若改变上下部重锤的相位角，可改变原料的行进方向。

振动是自然界和工程界常见的现象。振动的消极方面是，影响仪器设备功能，降低机械设备的工作精度，加剧构件磨损，甚至引起结构疲劳破坏；振动的积极方面是，有许多需利用振动的设备和工艺，如振动传输、振动研磨、振动沉桩等。振动分析的基本任务是讨论系统的激励（即输入，指系统的外来扰动，又称干扰）、响应（即输出，指系统受激励后的反应）和系统动态特性（或物理参数）三者之间的关系。20 世纪 60 年代以后，计算机和振动测试技术的重大进展，为综合利用分析、实验和计算方法解决振动问题开拓了广阔的前景。

E99：驻波

驻波是指频率和振幅均相同、振动方向一致、传播方向相反的两列波叠加后形成的波。波在介质中传播时其波形不断向前推进，故称行波。上述两列波叠加后波形并不向前推进，故称驻波。振幅为零的点称为波节，振幅最大处称为波腹。波节两侧的振动相位相反。相邻两波节或波腹间的距离都是半个波长。入射波（推进波）与反射波相互干扰而形成的波形不再推进（仅波腹上、下振动，波节不移动）的波浪，称驻波。在行波中能量随波的传播而不断向前传递，其平均能流密度不为零；但驻波的平均能流密度等于零，能量只能在波节与波腹间来回运行。

由于节点静止不动，所以波形没有传播。能量以动能和位能的形式交换储存，也传播不出去。

驻波是波的一种干涉现象，在声学和光学中都有重要的应用。例如，各种乐器，包括弦乐器、管乐器和打击乐器，都是由于产生驻波而发声。

E100：驻极体

将电介质放在电场中就会被极化。许多电介质的极化是与外电场同时存在、同时消失的。也有一些电介质，受强外电场作用后其极化现象不随外电场去除而完全消失，出现的极化电荷"永久"存在于电介质表面和体内的现象。这种在强外电场等因素作用下极化并能"永久"保持极化状态的电介质，称为驻极体，又叫永电体。

驻极体具有体电荷特性，即它的电荷不同于摩擦起电，既出现在驻极体表面，也存在于其内部。若把驻极体表面去掉一层，新表面仍有电荷存在；若把它切成两半，就成为两块驻极体。这一点可与永久磁体相类比，因此驻极体又称永电体。

驻极体不能像电池那样从中取出电流，却可以提供一个稳定的电压，因此是一个很好的直流电压源。这在制造电子器件和电工测量仪表等方面大有用处。高分子聚合物驻极体的发现和使用，是电声换能材料一次巨大变革，利用它可以制成质量很高、具有很多优点的电声器件。另外，还可制成电机、高压发生器、引爆装置、空气过滤器，以及电话拨号盘、逻辑电路中的寻址选择开关、声全息照相用换能器等。随着对驻极体研究的深入和新材料的连续发现，它会像永磁体一样被广泛应用。

能制成驻极体的有天然蜡、树脂、松香、磁化物、某些陶瓷、有机玻璃及许多高分子聚合物（例如，K-1 聚碳酸酯、聚四氟乙烯、聚全氟乙烯丙烯、聚丙烯、聚乙烯、聚酯）等。

参 考 文 献

［1］ 创新方法研究会，中国 21 世纪议程管理中心 . 创新方法教程 . 北京：高等教育出版社，2012.

［2］ 周苏 . 创新思维与 TRIZ 创新方法 . 北京：清华大学出版社，2015.

［3］ 张明勤，范存礼等 .TRIZ 入门 100 问—TRIZ 创新工具导引 . 北京：机械工业出版社，2012.

［4］ 刘训涛，曹贺等 .TRIZ 理论及应用 . 北京：北京大学出版社，2011.

［5］ 赵新军，孙晓枫 .40 条发明创造原理及其应用 . 北京：中国科学技术出版社，2014.

［6］ 赵敏，史晓凌等 .TRIZ 入门及实践 . 北京：科学出版社，2009.

［7］ 孙永伟，谢尔盖 . 伊克万科 .TRIZ：打开创新之门的金钥匙 I. 北京：科学出版社，2015.

［8］ 檀润华，张青华等 .TRIZ 中技术进化定律、进化路线及应用 . 工业工程与管理，2003.